通辽地区玉米
无膜浅埋滴灌技术手册

◎ 李金琴　主编

中国农业科学技术出版社

图书在版编目（CIP）数据

通辽地区玉米无膜浅埋滴灌技术手册 / 李金琴主编 . —北京：
中国农业科学技术出版社，2018.12

　ISBN 978-7-5116-3987-5

　Ⅰ.①通… Ⅱ.①李… Ⅲ.①玉米—地膜栽培—滴灌—技术手册
Ⅳ.① S513.071-62

　中国版本图书馆 CIP 数据核字（2018）第 285044 号

责任编辑　徐定娜　　丁艳红
责任校对　贾海霞

出 版 者　中国农业科学技术出版社
　　　　　北京市中关村南大街12号　　邮编：100081
电　　话　（010）82109707（编辑室）　（010）82109702（发行部）
　　　　　（010）82106629（读者服务部）
传　　真　（010）82105169
网　　址　http://www.castp.cn
经 销 者　全国各地新华书店
印 刷 者　北京富泰印刷有限责任公司
开　　本　710mm×1 000mm　1/16
印　　张　6.75
字　　数　129千字
版　　次　2018年12月第1版　　2018年12月第1次印刷
定　　价　58.00元

《通辽地区玉米无膜浅埋滴灌技术手册》
编委会

领导小组：

组　　长：姜晓东

副 组 长：张喜富

成　　员：殷凤珍　李金琴　开　花　梅园雪　王立文
　　　　　史恩孚　左明湖　郭向利　李敬伟　刘伟春

编 委 会：

主　　编：李金琴

副 主 编：王宇飞　梅园雪　开　花

参编人员：（按姓氏笔画排序）

及向东　王宇飞　王立文　王　静　开　花
车梅兰　左明湖　叶健全　白　昊　包文平
冯玉涛　吕　鹏　刘伟春　刘桂华　刘春艳
刘晓双　孙宝忠　孙玉堂　杜明文　李金琴
李玉杰　李敬伟　李雪峰　李曙光　吴素利
杨荣华　辛　欣　宋德全　张福胜　张宏宇
张　贺　郝　宏　姚　影　铁　虎　高玉霞
郭向利　梅园雪　曹慧明　葛　星　韩雪莲
窦瑞霞　潘　峰　薛永杰

编　　辑：开　花　王宇飞

核　　校：白　昊　包文平　姚　影

特别感谢：通辽市水利推广站
　　　　　科尔沁左翼中旗农牧业局
　　　　　科尔沁左翼后旗农牧业局
　　　　　科尔沁左翼中旗农业技术推广中心
　　　　　科尔沁左翼后旗农业技术推广中心

前　言

　　通辽市属于资源性缺水地区，全市人均占有水资源量1 190立方米，仅为全国人均水平的54%，内蒙古自治区人均水平的52%。2002年以来，全市农业灌溉用水量占总用水量的74%～83%，基本都是以地下水为灌溉水源。近年来部分地区地下水超采，导致深埋逐年下降形成漏斗区。因此，提高农田灌溉用水效率刻不容缓。

　　面对通辽市水资源短缺以及农业灌溉用水粗放的现状，市委、市政府从水资源可持续利用，发展绿色生态环保农业的高度，提出了建设1 000万亩高效节水粮食功能区的战略举措，大力推广以无膜浅埋滴灌为主的节水灌溉技术，在持续提高粮食生产能力、保证农牧民收入的同时，实现年节水10亿立方米的目标，实现生产、生态、生活的"三生一体"。

　　为贯彻落实市委、市政府的决策部署，为加快无膜浅埋滴灌技术在生产中的大面积应用，通辽市农牧业局组织农业、水务领域的专家和科技人员编写了《通辽地区玉米无膜浅埋滴灌技术手册》。该书从井电配套、管路铺设、田间管理、投资估算、注意事项等方面详细介绍了玉米无膜浅埋滴灌技术的应用。在编写中突出实际、实用、实践，可操作性强。内容深入浅出、通俗易懂，既可供基层农业技术人员阅读参考，也能让具有一定生产经验的农牧民看得懂、学得会、用得上。

由于编写时间紧迫，收集资料有限，书中不足之处望大家指正。同时，该书在编写过程中得到通辽市水利推广站、科尔沁左翼中旗农牧业局、科尔沁左翼后旗农牧业局有关领导和专家的大力支持，在此一并表示感谢。

通辽市农牧业局

2018年9月

目　录

第一章 技术概述

第一节 无膜浅埋滴灌技术模式

滴灌就是通过毛管（滴灌带）上的滴头，使作物主要根系区的土壤始终保持在最优含水状态的一种灌溉技术。滴灌适用于大田经济作物、粮食作物、果树、蔬菜等（图1-1）。

玉米无膜浅埋滴灌是将滴灌技术与玉米宽窄行种植技术、水肥一体化技术融于一体的高效节水灌溉栽培技术，是将开沟、铺带、施肥、播种等作业实现机械一体化的种植模式集成（图1-2）。

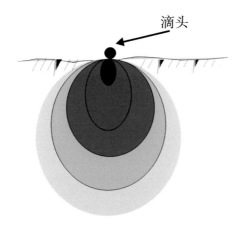

图1-1 土壤中的入渗

图1-2 玉米无膜浅埋滴灌技术模式田间图

该项技术是根据玉米膜下滴灌技术改进的一项新型实用技术模式，即在玉米宽窄行种植且不覆地膜的前提下，利用改进后的浅埋滴灌播种机具，在窄行间将滴灌带浅埋于土壤2～4厘米处，从而实现水肥一体化的种植方式。由于此项技术具有节水、节肥、省工、减膜、增产、增效、提质、环保、无污染、利于规模化管理、标准化生产等优势，自2014年开展试验示范以来便获得了广大农户、种植大户及种植专业合作社的认可，2015年在通辽市科尔沁左翼中旗、科尔沁左翼后旗推广面积3万余亩（1亩≈666.7平方米，1公顷=15亩，全书同），2016年通辽市玉米无膜浅埋滴灌技术推广应用31万余亩，2017年已发展到150余万亩。同时内蒙古赤峰市、兴安盟、呼伦贝尔市、鄂尔多斯市等地区都引进了该项技术，并有逐年扩大的趋势。

第二节　无膜浅埋滴灌技术优势

一、实现"双节、双减、三提高"

无膜浅埋滴灌技术的诸多优势可概括为"双节、双减、三提高"。"双节"即节水、节肥；"双减"即减少用工、减少用膜；"三提高"即提高产量、提高质量、提高效益。

（一）节水、节肥

相对于大水漫灌和低压管灌模式，无膜浅埋滴灌只是在窄行至宽行两侧20厘米部分湿润土壤，且无输水损失，大大提高了灌溉用水的利用率，节约了水资源。实践证明，玉米浅埋滴灌水资源利用率可达90%以上，整个生育期较低压管灌平均每亩节水126立方米，平均节水率48%左右，在坨沼地、山坡地、沙地平均节水率达60%以上；化肥随水滴入土壤，避免了常规追肥方式化肥裸露地表而挥发的损失，减少了灌溉过程中田间径流造成的肥料损失。由"一炮轰"施肥方式改为分期施肥制度（遵循作物需肥规律），水肥高度协调，有效提高了化肥利用率，同时实现了及时补水补肥，比常规种植模式减少化肥使用10%～15%。

（二）减少用工、减少用膜

与低压管灌或大水漫灌模式相比，无膜浅埋滴灌能够实行"一井一表""一人一卡"，劳动强度低，工作效率高，加装智能灌溉系统即可实现自动控制。玉米浅埋滴灌每人每天可灌溉80亩，而低压管灌每人每天仅灌溉10亩。无膜浅埋滴灌较膜下滴灌技术减少了地膜的使用，不仅减少了成本，还不会对环境造成污染。

（三）提高产量、提高质量、提高效益

无膜浅埋滴灌水肥一体化种植技术可有效提高水肥利用效率，使作物充分吸收养分，生长健壮，减少病虫害的发生，在提高品质、质量的同时又能够增加产量。在平原灌区浅埋滴灌玉米比低压管灌平均亩增产100千克以上，平均增产率14%左右，平均亩增纯收益130元以上；与无水浇条件地块相比平均亩增产300千克以上，增产率达60%左右，平均亩增纯收益400元以上（按连续3年14%含水量的玉米平均收购价格1.4元/千克计算）。

二、推进生产方式和经营方式转变

无膜浅埋滴灌技术非常适用于规模化种植、标准化生产、统一管理，能够大大提高生产效率、水肥利用率，实现节本降耗与提质增效，符合现代化农业发展要求。建设滴灌系统工程时，一家一户小面积单独操作会造成资源浪费，也不便于滴灌系统正常工作。因此，无膜浅埋滴灌技术的应用促进了农户之间的合作经营。同时，有利于合作社、大户开展规模化种植、标准化生产，实施统一管理，促进了土地流转、合作、参股、托管、半托管等组织形式发展。联合经营、标准化种植、统一化管理带来的方便和效益已经得到了广大农户的认可。

三、促进农业生态环保

浅埋滴灌灌水均匀，可使作物根区土壤水分维持在适宜的含水量和最佳土壤环境，可以避免过量灌溉造成的土壤盐碱化，不破坏土壤团粒结构，土壤不板结。与膜下滴灌相比不存在地膜回收难、无法秸秆还田、白色污染严重等一系列地膜使用引起的问题。同时改善了田间小气候和农业生态环境，是一项可持续发展的环保型现代化农业实用技术。

第二章 井电配套设施

第一节 浅埋滴灌系统组成

滴灌系统工程由水源工程、首部控制枢纽、输配水管道三部分组成（图2-1）。

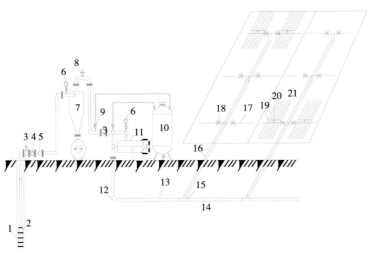

1. 水源井；2.水泵；3.闸阀；4.水表；5.逆止阀；6.压力表；7.砂石过滤器；8.自动进排气阀；9.施肥阀；10.施肥罐；11.筛网过滤器；12.地埋弯头；13.地埋干管；14.地埋干管；15.地埋三通；16.地埋分干管；17.地面支管；18.控制阀；19.地面辅管（可选择）；20.辅管控制阀；21.滴灌带

图2-1 无膜浅埋滴灌系统组成示意图

一、水源工程

滴灌系统的水源可以是河流、塘堰、沟渠、井水等，只要符合滴灌水质要求，均可作为滴灌水源。为了充分利用各种水源进行灌溉，往往要修建引水、蓄水和提水工程，以及相应的输配电工程，这些统称为水源工程。由于通辽市地处井灌农业区，因此水源工程为具备配套机电井、柴油机井等水源井。

二、首部控制枢纽

首部控制枢纽由机泵、过滤器、施肥罐及量测设备（逆止阀、水表、压力表、自动进排气阀、控制阀）等部件组成。首部控制枢纽的作用是对水流加压，将水注入施肥罐溶解化肥，再经过滤后，及时定量地把水肥溶液送到输水管道。首部控制枢纽应安装在控制室或井房内。

（一）机泵

机泵是滴灌系统的重要设备之一，通辽地区常用的为潜水泵。滴灌系统工作压力一般为0.05～0.1兆帕。从水源取水，需要机泵加压，形成滴灌系统所需水压和流量。机泵性能的选择根据滴灌系统设计流量与扬程决定。

（二）过滤器

过滤器作用是清除水流中的泥沙和各种杂物，防止滴头堵塞，保证滴灌系统的正常运行。通辽地区使用的是离心式加网式组合过滤器。根据水量的不同离心式过滤器分为H20、H30、H40、H50、H55、H60等型号，网式过滤器分为DN50、DN80、DN100、DN160不同型号。一般要根据水源井出水量和井控面积选择适宜型号的过滤器。

（1）水源井出水量为20立方米/小时，井控面积在100亩以内，一般可选择的组合过滤器为H40型（2寸）离心式过滤器和DN50（2寸）型网式过滤器。

（2）水源井出水量在40～50立方米/小时，井控面积为100～120亩，一般可选择的组合过滤器为H50-55型（3寸）离心式过滤器和DN80（3寸）型网式过滤器。

（3）水源井出水量为60～80立方米/小时，井控面积为150～200亩，一般可选择的组合过滤器为H60型（4寸）离心式过滤器和两组DN100（4寸）型网式过滤器。过滤器中的过滤网为不低于120目的不锈钢网，过滤器下方设有排沙阀，打开后水流冲洗即可将网内的污染和杂物排净（图2-2）。

图2-2 组合过滤器

（三）施肥罐

施肥罐在滴灌时溶解化肥，使水肥一起输送到作物根部。大田作物一般采用压差式施肥罐。施肥罐容积一般为50升、100升、120升和150升。施肥罐的大小可根据施肥面积、施肥时间、单位面积施肥量和施肥罐中肥料溶液浓度而定。一般单井控制面积为100亩（1亩≈666.7平方米，1公顷=15亩，全书同）以下，选用50升施肥罐；单井控制面积100~120亩，选用100升施肥罐；单井控面积为150~200亩，选用120~150升施肥罐（图2-3）。

图2-3 施肥灌

三、输配水管道

输配水管道包括干管、分干管（根据地块取舍）、支管、辅管（可选择）、毛管（滴灌带）。一般干管、分干管埋入冻土层以下，支管、辅管、毛管（滴灌带）置于地表，以便移动和检修。

（一）干管、分干管

干管和分干管是输水系统，向支管分配所需水量。

（二）支管、辅管

支管、辅管是控水系统，也称配水系统，支管能调节水压和控制流量。支管将辅管或滴灌带所要求的压力和流量供给滴灌带。

（三）滴灌带

滴灌带是直接向作物根部滴水的管道，滴灌带上的各个出口的流量必须达到所设计的流量和均匀度，为避免滴灌带首端压力大、流量大，而尾端压力小、流量小的供水不均匀现象，通常采用10～20毫米内径的滴灌带。

滴灌带的规格分为内径12毫米、16毫米、20毫米；壁厚0.2～0.6毫米；滴头间距20毫米、30厘米。流量2～3升/小时，工作压力不小于0.1兆帕。通辽地区玉米无膜浅埋滴灌使用的滴灌带内径一般为16毫米。常用的滴灌带有单翼迷宫式滴灌带和内镶贴片式滴灌带两种。

玉米无膜浅埋滴灌大部分采用单翼迷宫式滴灌带，也可采用内镶贴片式滴灌带。滴头间距均为30厘米，流量2.1、2.4和3.0升/小时（图2-4，图2-5）。

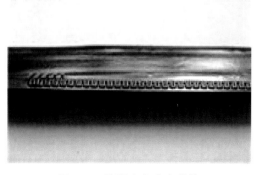

图2-4　单翼迷宫式滴灌带

图2-5　内镶贴片式滴灌带

（四）灌水设备（滴头）

灌水设备主要是灌水器，即滴头。滴头是滴灌系统的重要设备之一，其作用是使滴灌带中的压力水流经过滴头的狭长流道或微型孔，造成能量损失，减压变成一滴一滴的水滴或小细流，起到滴灌的作用。滴头的间距和流量可按用户要求进行调整。

第二节　井电配套

一、新建工程类型

对于新建浅埋滴灌工程，以平原区为主，兼顾沙沼区和山地丘陵区的特点，根据不同生态区域的地形特点和土壤类型及水源条件来进行井和电的合理配置。对于原有低压管灌工程改浅埋滴灌则应考虑原有井出水量、泵型、电力配套等是否能满足浅埋滴灌中井电配套要求。按不同生态区域的地形特点和土壤类型及水源条件分为以下几种情况。

（一）平原区

1.平原区井型

通辽市平原区农田灌溉井深一般在80米左右，如科尔沁区和开鲁县目前井深达到80米，科尔沁左翼中旗和科尔沁左翼后旗水位相对浅的地区水源井深度可以适当减小，60～80米为宜。井管类型均为砼管，井内径300毫米，外径400毫米。每米造价150～200元。

2.平原区泵型

通辽市平原区单井出水量平均在50～100立方米/小时，根据调查通辽地区的单井控制面积平均在120亩左右，地下水动水位埋深在12～15米。平原区水泵配套适合类型有以下几种。

（1）单井控制面积在200亩左右，单井涌水量大于80立方米/小时，适合选择200QJ80-44/4（15千瓦）的泵型。每个轮灌组控制面积在15亩左右，每个轮灌组一次灌水持续时间为4~5小时。

（2）单井控制面积在150亩左右，单井涌水量大于65立方米/小时，适合选择200QJ63-36/3（11千瓦）或200QJ63-48/4（15千瓦）的泵型。每个轮灌组控制面积在12亩左右，每个轮灌组一次灌水持续时间为4~5小时。

（3）单井控制面积在120亩左右，单井涌水量大于50立方米/小时，适合选择200QJ50-39/3（9.2千瓦）或200QJ50-52/4（11千瓦）的泵型。每个轮灌组控制面积在10亩左右，每个轮灌组一次灌水持续时间为4~5小时。

（二）沙沼区和山地丘陵区

1. 沙沼区和山地丘陵区井型

沙沼区井型可参照平原区井型设计。山地丘陵区井型根据土质类型，非石质山区井型与平原区和沙沼区相同。石质山区一般采用钢管井，井管为直径φ325或φ273的钢管，井深不一，应根据当地含水层厚度和已成井的岩性柱状图确定。

2. 沙沼区和山地丘陵区泵型

沙沼区单井出水量平均在50~60立方米/小时，地下水动水位埋深在15米左右。所以沙区水泵配套类型是适合单井控制面积在120亩左右，单井涌水量大于50立方米/小时，适合选择200QJ50-39/3（9.2千瓦）或200QJ50-52/4（11千瓦）的泵型。每个轮灌组控制面积在10亩左右。

山地丘陵区单井出水量平均在20~40立方米/小时，地下水动水位埋深变幅较大，在25~60米。所以山地丘陵区水泵配套类型是适合单井控制面积在100亩左右，单井涌水量大于20立方米/小时，适合选择水泵出水量为20立方米/小时的泵型，如200QJ20-45/3（4千瓦）、200QJ20-54/4（5.5千瓦）、200QJ20-67/5（7.5千瓦）、200QJ20-81/6（7.5千瓦）、200QJ20-94/7（11千瓦）和200QJ20-108/8（11千瓦）；单井涌水量大于40立方米/小时，适合选择水泵出水量为32立方米/小时或40立方米/小时的泵型，如200QJ32-（52-104）/（4-8）（7.5~15千瓦）和200QJ40-（39-117）/（3-9）（7.5~22千瓦）。

水泵扬程根据地下水动水位埋深和地面高差、管道水头损失及首部系统工作压力及滴灌带工作压力进行确定。每个轮灌组控制面积在4亩左右，每个轮灌组一次灌水持续时间为4~5小时。

二、改建工程

（一）机泵改造

针对原有低压管灌工程改造提升为滴灌工程，应根据原有工程泵型及变压器和低压配电情况，统筹考虑是否符合改建为浅埋滴灌的要求，首先看原有泵的扬程是否能满足浅埋滴灌系统的压力需求。如低压管灌原有泵型为200QJ80-22/2（7.5千瓦），则扬程不满足滴灌系统压力（平原区不小于0.4兆帕）的需求，需要重新更换水泵，更换水泵类型为200QJ80-44/4（15千瓦）、200QJ50-39/3（9.2千瓦）或200QJ63-36/3（11千瓦）等，扬程满足滴灌系统压力需求方可。

（二）电力配套

（1）对于改建工程，若改造更换后的水泵总功率不增加，则原有变压器可满足供电要求。

（2）如果更换水泵的功率大于原有水泵，则需校核变压器的额定功率是否还能满足供电要求（一般来说变压器额定功率的60%～70%为所承担的水泵功率之和）。若变压器不能满足供电要求，则需要增容。

（3）若更换水泵后，所需总功率大于变压器额定功率的60%～70%，可通过压减机电井来满足改造后的供电需求。

第三章 管路铺设

第一节 管路铺设

一、管网布置形式

根据水源位置和地形条件，管网布置形式一般有"王"字形、"T"字形、"干"字形、"工"字形和疏齿形。

二、管网布置方法

内蒙古通辽地区大多数地块规整成方，因此常见的布置形式为"王"字形和"工"字形。下面就以"王"字形布置为例做以介绍。

"王"字形布置各级管道应相互垂直，以使管道最短而控制面积最大。即：滴灌带（φ16）垂直于支管，支管（φ63、φ90）垂直于分干管（φ110、φ140、φ160），分干管垂直于干管（φ110、φ140、φ160），面积较小的地块可无分干管，即支管直接垂直于干管。含有分干管，分干管与干管一般情况下需要地埋，滴灌带必须与垄向平行，同时尽量对称。

支管一般为双行布置，分干管上出水口间距100～120米，支管长度25～50米，一般可接20～42条滴灌带，滴灌带与支管交接后双向工作长度100～130米，单向工作长度宜为50～65米，末端截断打结。

以单井出水量50立方米/小时，控制灌溉面积120亩为例，管网布置为干管-分干管-支管-滴灌带，浅埋滴灌工程典型布置详见图3-1。

以单井出水量63立方米/小时，控制灌溉面积150亩为例，管网布置为干管-分干管-支管-滴灌带，浅埋滴灌工程典型布置详见图3-2。

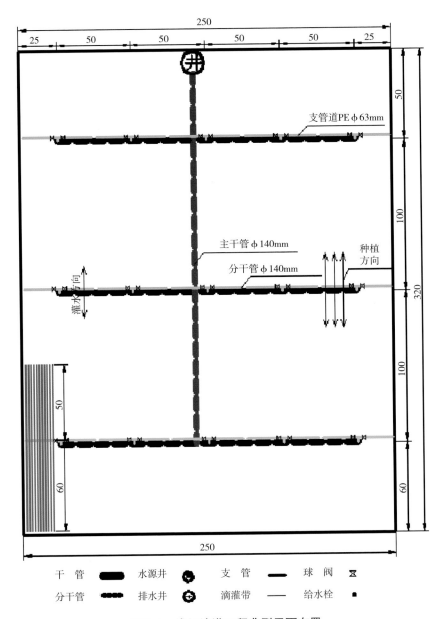

图3-1 浅埋滴灌工程典型平面布置

注：①典型设计控制面积120亩。设计流量50m³/h，设计扬程39米，水泵型号为200QJ50-39/3型。

②土质为沙壤土，种植作物为玉米。

③全系统布设30条支管，每条支管带25条滴灌带，单侧滴灌带长50～60米，双向工作。

④运行时，2条支管同时打开为一个轮灌组，共分15个轮灌组。

⑤图中单位以米计。

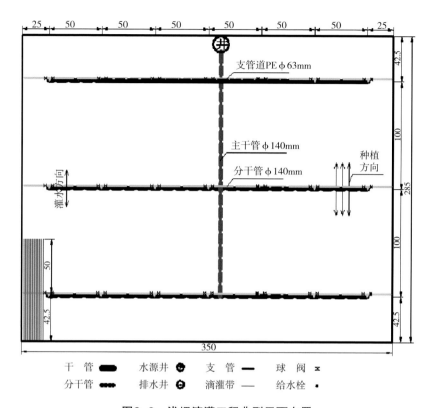

图3-2 浅埋滴灌工程典型平面布置

注：①典型设计控制面积150亩，设计流量63m³/h，设计扬程36米，水泵型号为200QJ63-36/3型。

②土质为沙壤土，种植作物为玉米。

③全系统布设42条支管，每条支管带25条滴灌带，单侧滴灌带长42.5～50米，双向工作。

④运行时，3条支管同时打开为一个轮灌组，共分14个轮灌组。

⑤图中单位以米计。

三、原有的低压管灌地埋管道改造为浅埋滴灌管道的要求

若在原有低压管灌地埋管道基础上改造为浅埋滴灌，增加管道和出水栓，管径与原有管径相同，管材尽量相同，保证改造后的管道亩均占有量不低于6米。改造后各出水口给水栓两侧需改造为φ140-63或φ140-90接口，以便于连接地面支管。低压管灌改浅埋滴灌φ140-63/90接口详见图3-3。

输水管道改造完需要进行压力检测，承压需达到0.4兆帕，具体方法是关上单井控制的所有出水栓，出水压力达到0.4兆帕时打开最末端出水栓，如果

出水栓正常出水，说明原有管道压力满足要求。

地埋干管和分干管应选择塑料管材，有PP、PE和PVC三种，管材的压力根据系统所需水头的大小确定。地面支管和滴灌带选择PE管。

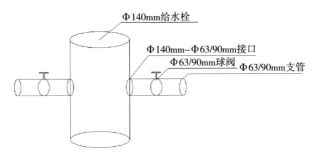

图3-3　低压管灌管道改浅埋滴灌ϕ140-63/90接口大样

第二节　浅埋滴灌设施的使用方法

大田无膜浅埋滴灌系统普遍采用轮灌运行的工作制度，分为支管轮灌和辅管轮灌两种形式。通辽地区一般采用支管轮灌的方式。

一、划分轮灌组的原则

各轮灌组单次灌水控制面积应尽可能相等或相近，以使水泵工作稳定，效益提高。如通辽地区每一轮灌组控制面积为10～17亩。

轮灌组的划分要照顾到农业生产责任制和便于田间管理的要求。为便于操作管理，轮灌组管辖的范围宜集中连片，轮灌顺序可自下而上或自上而下进行。如干管流量过大，则采用交错操作的方法划分轮灌组。

二、轮灌组划分方法

根据水泵出水量，干、支管所承担流量大小，控制阀门数量和干、支管打开的数量，压力流量应平均分配，使系统工作压力均衡，产生的运行费用相对较小，灌水均匀度高，利于系统工作。

对于低压管灌改造的浅埋滴灌工程，轮灌组的划分可通过试开（控制阀门开启数量）的方法确定轮灌面积大小，具体操作如下：在滴灌带首端安装压力表，然后打开最远端出水口（支管）阀门，开启水泵，观察末端滴灌带滴水是否正常，依次开启中间的阀门，观察滴灌带首端压力表读数，如果在0.05~0.25兆帕且末端滴灌带滴水正常，即可把这个区域作为一个轮灌组。

三、轮灌方式

支管轮灌。主管道埋于地下，支管（通辽地区一般采用Φ63或Φ90支管）和滴灌带（Φ16）铺于地面。一般是将支管分成若干组，每次只开启两条或三条支管。如水泵出水量50立方米/小时，则开启2条支管，15个轮灌组；水泵出水量63立方米/小时，则开启3条支管，14个轮灌组。支管轮灌划分详见图3-4和图3-5支管轮灌分区，支管轮灌阀门开启顺序分别见表3-1和表3-2。

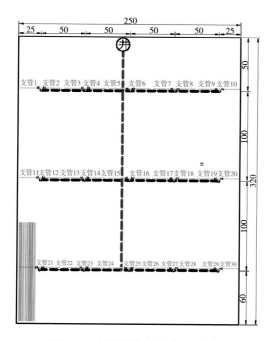

图3-4　支管轮灌分区（120亩）

注：图中单位以米计

表3-1 支管轮灌阀门开启顺序

轮灌组号	支管序号	轮灌组号	支管序号	轮灌组号	支管序号
1	1	6	11	11	21
1	2	6	12	11	22
2	3	7	13	12	23
2	4	7	14	12	24
3	5	8	15	13	25
3	6	8	16	13	26
4	7	9	17	14	27
4	8	9	18	14	28
5	9	10	19	15	29
5	10	10	20	15	30

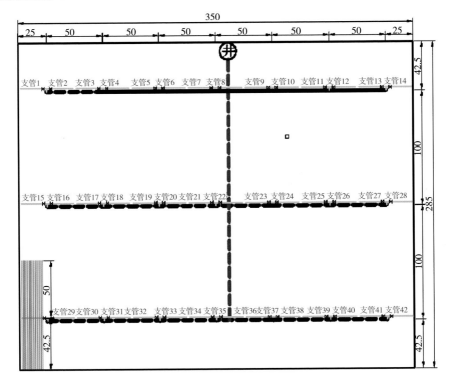

图3-5 支管轮灌分区（150亩）

注：图中单位以米计

表3-2　支管轮灌阀门开启顺序

轮灌组号	支管序号	轮灌组号	支管序号	轮灌组号	支管序号
	1		16		31
1	2	6	17	11	32
	3		18		33
	4		19		34
2	5	7	20	12	35
	6		21		36
	7		22		37
3	8	8	23	13	38
	9		24		39
	10		25		40
4	11	9	26	14	41
	12		27		42
	13		28		
5	14	10	29		
	15		30		

第四章 田间管理

第一节 整地备耕

针对不同土质采取不同整地方法。建议采用大马力拖拉机牵引大型整地机械，如安装了遥感监测系统的大型整地机械，深翻或深松、耙糖、平地等作业可一次完成，作业质量好、效率高。

一、秋整地

有条件的地方，尤其是土质黏重的地块，要结合秸秆还田进行秋整地。秸秆粉碎长度应小于5厘米，喷施腐熟剂后，深翻25厘米以上，将秸秆翻扣在土壤20厘米以下（图4-1、图4-2），不深翻的地块建议深松30～35厘米。之后进行浅旋（或春季播前旋耕整地）和镇压，达到地平、土碎、上虚下实，无坷垃。

沙土、白塘土、沼坨地及犯风地块不建议秋整地，应该留高茬或秸秆覆盖，起到防风固沙，保水保墒的作用。

图4-1 秋深翻秸秆还田

图4-2 秋深翻机械

二、春整地

春季结合整地，每亩施入腐熟农家肥2 000～3 000千克。养殖业发达的地区可充分利用牛粪、羊粪或猪牛羊粪混合农家肥。粪肥必须充分腐熟后才可以施入农田，否则易发生地老虎、蛴螬、蝼蛄等地下害虫危害，造成不必要的损失。

春季土壤解冻后，先撒施有机肥，灭茬，然后深松30厘米以上（图4-3、图4-4），再旋耕、镇压，达到地平、土碎、上虚下实无坷垃的待播种状态（图4-5）。

沙土、白塘土、沼坨地，旋耕灭茬整地后应及时镇压保墒，抢墒播种。

图4-3　春深松-1

图4-4　春深松-2

图4-5　翻耙联合整地

三、清除田间垃圾

播种前要清除田间垃圾，将没有粉碎的秸秆、杂草、植物茎叶等清出田块，并在地头挖坑深埋或集中堆放沤肥。既可提高播种质量又可以减轻病虫害的发生程度。

第二节　播种机选购及改装

一、购置无膜浅埋滴灌专用播种机

无膜浅埋滴灌播种机可在市场上直接购买。目前在生产中应用的主要有2MB-2型、2MB-4型、2MB-6型无膜浅埋滴灌铺带分层施肥播种一体机，可一次性完成机械化开沟、铺带、深施肥、精量播种、覆土、镇压等作业（图4-6~图4-9）。

图4-6　浅埋滴灌播种机（4行）

图4-7　浅埋滴灌播种机（6行）-1

图4-8　浅埋滴灌播种机（6行）-2

图4-9　浅埋滴灌播种机（6行）-3

二、自行改装播种机具

（一）无膜浅埋滴灌播种机主要部件

无膜浅埋滴灌播种机主要部件包括：横梁、种箱、肥箱、排种器、排肥器，种子肥料开沟器、滴灌带支架、滴灌带滚动轴、滴灌带引导轮、滴灌带开沟器等。

（二）无膜浅埋滴灌播种机改装方法

1. 普通均垄播种机改装无膜浅埋滴灌播种机的方法

将种箱间距、排种器（播种盘）间距、排肥器等装置间距由匀垄播种的55～60厘米改装为宽窄行种植模式，即宽行间距80～85厘米、窄行间距35～40厘米。在播种机横梁上焊接滴灌带支架，两个排种器前侧中间横梁处再焊接一个开沟器（小铧子或圆盘形开沟器）、滴灌带引导轮、覆土板等开沟铺带覆土装置（图4-10～图4-15）。

2. 宽窄行播种机改装无膜浅埋滴灌播种机的方法

利用宽窄行播种机进行改装时，需要在播种机横梁上焊接滴灌带支架，两个排种器前侧中间横梁处焊接一个开沟器（小铧子或圆盘形开沟器）、滴灌带引导轮、覆土板（图4-11～图4-14）。

图4-10　滴灌带支架

图4-11　滴灌带滑轮

图4-12　播种机开沟器和覆土轮

图4-13　主要部件改装后

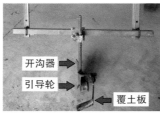

图4-14　开沟器和覆土板

图4-15　浅埋滴灌播种机改装后大田播种

3. 宽窄行膜下滴灌播种机改装无膜浅埋滴灌播种机的方法

在播种机的两个排种器前侧中间横梁处焊接一个开沟器（小铧子）、滴灌带引导轮和覆土板，从而把滴灌带浅埋在土壤2~4厘米沟内。

滴灌带支架可自行焊接，也可采购农机专业合作社统一制作的支架及其他部件，播种前安装到播种机上（图4-16、图4-17）。

建议在示范区先改造1~2台播种机做示范，通过现场观摩演示改装机具过程，并在改装后进行试播，现场培训种植大户和专业合作社播种机改装方法和播种调试方法（图4-18、图4-19）。

图4-16 市场销售的开沟器和支架　　　图4-17 开沟器和支架安装效果

图4-18 农户自行改装的2行播种机　　　图4-19 农户自行改装的4行播种机

第三节 播 种

一、播前准备

（一）品种选择

选择通过国家或内蒙古自治区审定或引种备案的，生育期适宜当地种植的优质、高产、多抗、耐密、宜机收的品种。要求种子发芽势高且符合国家玉米种子质量标准：纯度≥96%、净度≥99%、芽率≥85%（单粒播时种子发芽率≥93%）、水分≤14%。若玉米籽粒用于淀粉深加工，要选择高淀粉玉米品种，粗淀粉含量≥74%；若用于全株青贮或者饲料加工，要选择高蛋白玉米品种，粗蛋白含量≥8%，全株青贮玉米生物产量要达到5吨以上。

根据当地气候特点和重要病虫害发生流行情况，避开可能存在某种缺陷的品种，如高感黑穗病、大斑病或小斑病的品种，优先选择当地农业部门示范种植中表现优良的品种。风沙土、坨沼地、犯风地应选择适度早熟的品种。

（二）种子处理

建议购买经过精选、分级和包衣的种子。如购买了未经包衣处理的种子，则应在播种前进行选种、晒种和包衣等种子处理。

1. 选种

选择大小均匀、颜色一致、籽粒饱满的种子，去除病斑粒、发霉粒、虫蛀粒、破损粒、颜色差异明显、过大、过小的籽粒和杂质。

2. 晒种

播种前一周左右选晴天将种子摊在干燥向阳的地上或席上，薄摊5厘米左右，晒种2～3天，每天勤翻动，使种子受光均匀。白天晾晒，傍晚收回，防止种子受冻受潮。通过晒种后种子内部酶的活性增强，从而提高种子发芽率，而且阳光照射可以杀死部分病原菌，减轻丝黑穗病等危害。

3. 包衣

（1）包衣剂选择。根据田间病虫害常年发生情况，明确防治对象（如防治蝼蛄、蛴螬、金针虫、地老虎等），有针对性地选择正规厂商生产的包衣剂（如克百威、丁流克百威、吡虫啉、高效氯氰菊酯、辛硫磷、毒死蜱等），根据含量确定用量。如克百威含量在8%以上效果较好。不提倡直接购买杀虫杀菌剂进行简单包衣，以免造成药害，降低种子活性。

（2）包衣方法。宜选用专用包衣机，也可将适量的种子和包衣剂按比例加入不漏水且比较结实的塑料袋中，扎紧袋口摇匀为止。放在阴凉处阴干即可。

（3）注意事项。一是包衣要在晒种后进行；二是包衣时要背风、背光操作，包完种衣剂后不要放在阳光下暴晒，要阴干，防止种衣剂光解失效；三是包衣时种脐一定要包严，否则起不到较好的防治效果；四是操作人员要戴好口罩、手套等防护措施，以免造成人员伤害。

二、适时播种

（一）播期

通辽地区适宜播期4月下旬至5月上旬。一般当5～10厘米土层温度稳定8～12℃时，即可开始播种。若过早播种，一旦遭遇低温冷害等不良天气，易造成烂籽、粉籽，严重时导致毁种。若播种过晚则会造成贪青晚熟，导致减产。坨沼地、风沙土、犯风地要错过春季大风时节抢墒播种。

（二）播种量

一般每亩播种量2～2.5千克。播种量根据种植密度、种子发芽率和千粒重计算，计算公式：播种量（千克/亩）=每亩密度（株/亩）×种子千粒重（克）/（种子发芽率×10^6）。由于播种过程漏播及土壤环境、气候等因素造成出苗率低于发芽率，播种密度要求比保苗数增加10%左右。

（三）种植模式

玉米无膜浅埋滴灌水肥一体化技术模式要求按照窄行35～40厘米、宽行80～85厘米的宽窄行种植模式播种，将滴灌带埋设于窄行2个播种带中间，深度为2～4厘米（图4-20、图4-21）。

宽窄行模式与浅埋滴灌结合的主要优势在于：一是可增加玉米群体通风透光性，从而合理增加种植密度；二是窄行间滴灌可使滴灌带离植株根部更近，能够充分利用水资源，节约用水；三是比匀垄种植节省60%滴灌带，减少投入，避免资源浪费。

（四）合理密植

根据品种特性、土壤肥力状况和积温条件确定种植密度。一般中上等肥力地块，紧凑型耐密品种播种密度5 500株/亩左右，亩保苗5 000株左右；半紧凑型大穗品种播种密度5 000株/亩，亩保苗4 500株左右。中低产田，半紧凑型大穗品种种植密度4 500～4 700株/亩，亩保苗4 000～4 200株。由于整地质量差、播种机调试不当等因素，可能会造成丢籽、漏播、播深不一致等情况，影响出苗率，所以应在亩保苗数量的基础上增加10%种子数量。

图4-20　玉米无膜浅埋滴灌模式（苗期）-1　　玉米无膜浅埋滴灌模式（苗期）-2

三、播种技术要求

（一）播种深度

根据土壤类型、种子大小、品种特性等情况确定播种深度，要求播种深浅一致，覆土均匀。一般播种深度3～4厘米，风沙土地块5～6厘米，最深不超过7厘米。

（二）施肥深度

严格控制好种肥隔离，化肥要深施于种子侧下方6～8厘米处，确保不烧种、不烧苗。

（三）滴灌带埋入深度

滴灌带埋入土壤深度视土壤类型而定，一般黑土、黑五花、白五花、碱性土壤宜浅，埋深2～3厘米；风沙上地块埋深3～4厘米。埋管过深会增加出水压力，影响滴灌效果和管带回收。另外沙土地如果滴灌带埋得过深，滴灌时水分迅速下移，不能供种子萌发吸收，会出现种子芽干无法出苗的现象（图4-22～图4-24）。

图4-22　浅埋滴灌播种-1

图4-23　浅埋滴灌播种-2

不同土壤的湿润范围

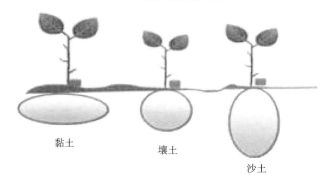

黏土　　　壤土　　　沙土

图4-24　不同土壤滴灌时的湿润范围

（四）镇压

播种后立即镇压。镇压可以使种子与土壤紧密接触，保持土壤墒情，利于种子发芽出苗。

（五）检查播种质量

播种前先试播5～10米，机具一切正常后再开始播种。播种过程中，机手和辅助人员要随时检查作业质量，重点检查排种口和排肥口是否有堵塞、漏播、空穴、播种过深、埋管过深、管带翻转等情况，发现问题及时处理。空穴率应控制在3%以内。

第四节　滴灌系统管网连接

播种后立即连接滴灌系统管网，检查滴灌系统运行是否正常。及时滴出苗水，是保障浅埋滴灌技术成功的关键环节。

一、连接滴灌带

播种后立即连接田间的滴灌带、支管、分干管、干管。管路铺设、轮灌组设计按照第三章所述方法科学布局，滴灌带与地上支管用小三通连接；滴灌带与滴灌带之间用小直通连接。滴灌带连接三通或直通时，将顺管带并将卡环卡紧，避免管带褶皱，以防压力不均漏水或影响流速。支管之间互相平行，地势平坦地块一般间隔100～120米垂直垄向铺设一条支管，每条支管两侧控制长度为50～60米。为保证管道压力充足，应将每两个支管间的滴灌带拦腰（正中间）斩断并分别打结。对于地势起伏较大地块，尽量将支管布设在地势最高处（图4-25～图4-30）。

二、试水检测

管路连接完成后，按照预先设计的轮灌组，自上而下或自下而上顺序打开出水栓和控制阀门，到末端查看滴灌带滴水是否正常，并观察滴灌首端安装的压力表，当压力在0.05～0.25兆帕且末端滴灌带滴水正常时，代表轮灌组面积适宜，滴灌系统压力正常，可以正常灌溉（图4-31、图4-32）。否则要重新检查滴灌系统各级管道、管带是否有漏水、堵塞现象。如果单次灌溉面积过大会导致管带压力不足，影响滴灌效果；如果单次灌溉面积过小，则管带压力过大，容易冲破管带或接头，这时应通过关闭或开启控制阀，调整轮灌组控制面积，使滴灌系统压力达到正常值。

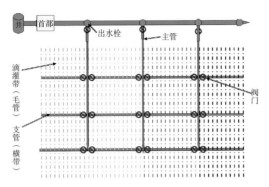

图4-25　田间滴灌带铺设

图4-26　田间滴灌灌网系统连接

图4-27　连接主管与支管

图4-28　连接滴灌带与支管

图4-29　出水栓与支管连接

图4-30　过滤器和施肥灌

图4-31　滴灌系统正常时滴水均匀　　图4-32　滴灌压力正常时滴灌效果

第五节　水肥管理

一、合理施肥

（一）施肥原则

（1）有机肥与化肥并重。增施有机肥后，可酌情减少化肥用量。有条件的地方提倡结合整地每亩施入腐熟农家肥2 000～3 000千克。

（2）氮肥一般采取前控、中促、后补的原则。即，基肥（或种肥）轻施，大喇叭口期重施，吐丝开花期、灌浆期补施。磷钾肥一般作为基肥施用，可结合秋整地或春整地作为基肥施入。

（3）中微量元素采取缺什么补什么的原则，视情况适量施用微肥。

（4）按照玉米需肥规律，测土配方，制订总体施肥方案。

（二）玉米的需肥量

玉米施肥的增产效果取决于生态环境、地力水平、品种特性、种植密度、肥料种类及配比和施肥技术等。一般遵循"以地定产、以产定肥"。玉米需要的大量养分主要是氮磷钾，其中以氮肥最多，磷肥次之，钾肥最少。结合测土配方技术，合理确定施肥量和配方。在通辽地区，一般大田目标产量1 000千克/亩的地块，每亩施入种肥46%磷酸二铵15千克左右、46%尿素3～5千克、

50%硫酸钾肥6千克，缺锌地区加硫酸锌1～1.5千克；追肥尿素31～33千克或相当养分含量的玉米专用水溶肥、液态肥等。一般产量水平不同的地块，施肥量要进行调整（表4-1）。

表4-1　玉米浅埋滴灌水肥一体化种植模式推荐施肥量（单位：千克/亩）

目标产量	氮（N）	磷（P_2O_5）	钾（K_2O）	折含量46%尿素	折含量46%磷酸二铵	折含量50%硫酸钾
> 1 000	> 19	> 6.6	> 3.1	> 36	> 15	> 6.2
850～1 000	17～19	5.6～6.6	2.7～3.1	32～36	12～15	5.4～6.2
750～850	15～17	5～5.6	2.5～2.7	28～32	11～12	5～5.4
650～750	13～15	4.3～5	2～2.5	25～28	10～11	4～5
< 650	< 13	< 4.3	< 2	< 25	< 10	< 4

（三）浅埋滴灌施肥方法及技术要求

浅埋滴灌不同于低压管灌和大水漫灌，其田间滴灌系统管路畅通，追肥简便高效，省工省肥。可以根据玉米生长发育的需肥规律进行施肥，并结合灌溉时机，进行合理分期追肥。一般推荐追肥3～5次，切忌传统的"一炮轰"式追肥，否则会导致后期脱肥，影响籽粒灌浆，造成减产。

1. 追肥时期及追肥次数

追肥以氮肥为主配施微肥，氮肥遵循前控、中促、后补的原则，整个生育期追肥3～5次。追施3次：第一次是拔节期后至喇叭口期前（6月中下旬），施入追肥总量的60%，主攻促叶、壮秆、增穗；第二次是抽雄前（7月中下旬），施入追肥总量20%，增加穗粒数；第三次是灌浆期（8月中旬），施入剩余氮肥，主攻粒数和粒重。追4次肥：拔节期、大喇叭口期、抽雄前、灌浆期施肥按照2：5：2：1的比例追施。追施5次：拔节期、大喇叭口期、抽雄前、吐丝后、灌浆期施肥按照2：5：1：1：1的比例追施。后期追肥时可增施磷酸二氢钾1～1.5千克/亩，壮秆、促早熟。生长后期发现玉米穗位以下叶片发黄，还可少量补施氮肥。

2. 施肥量

根据当时玉米所处生育时期计算每亩追肥用量，再按照每一个轮灌组的面积计算施肥罐加肥总量。施肥量应精确计算，切忌想当然估算肥量，以免造成资源浪费或减产。

3. 技术要求

追肥结合灌水进行。肥料在施肥灌中充分溶解后，先滴清水30分钟左右，待滴灌带得到充分清洗，田间各路管带滴水一切正常后再开始施肥。施肥结束后，再继续滴灌清水30分钟以上，将管道中残留的肥液冲净，防止化肥残留结晶阻塞滴灌带滴孔。

二、科学灌水

（一）单次灌溉面积

根据水泵型号、水源井出水量等计算单次灌溉面积，轮灌组设计具体方法见第三章第二节内容。一般标准工程井单次灌溉面积不宜超过30亩，小井每次灌溉，面积不宜超过15亩。

（二）及时滴出苗水

播种结束后及时滴灌出苗水，保证种子发芽出苗。如遇极端低温天气，应避免低温滴水。播种后立即连接首部、主管、支管及滴灌带等滴灌系统各部件，试水正常后进行滴灌，一般每亩滴灌26~30立方米，即滴灌带两侧20~30厘米湿透即可（图4-33、图4-34）。

图4-33 浅埋滴灌灌溉效果-1　　　图4-34 浅埋滴灌灌溉效果-2

（三）按玉米生长发育需求科学补灌

玉米生育期内，灌溉定额因降雨量和土壤保水性能而定。一般有效降水量在300毫米以上的地区，保水保肥良好的地块，整个生育期滴灌5~6次，每次灌水20~28立方米/亩；保水保肥差的地块，整个生育期滴灌6次以上，每次灌水20～27立方米/亩；有效降水量在200毫米左右的地区，一般滴灌5～6次，生育期总灌水量200立方米/亩左右。重点保障出苗期、拔节期、大喇叭口期、抽雄期、吐丝开花期、灌浆初期、灌浆中后期玉米对水分的需求。滴灌启动后30分钟内检查滴灌系统、管路等一切正常后继续滴灌。

三、合理中耕

出苗后用904、804等拖拉机在宽行中耕1～2次，第一次在苗期，耕深5～10厘米；第二次在拔节期，深度15～20厘米。中耕时遇到管道要抬高犁铧，避免损坏滴灌支管（图4-35～图4-38）。

图4-35　农户改装的中耕机-1

图4-36　农户改装的中耕机-2

图4-37　浅埋滴灌宽行中耕

图4-38　浅埋滴灌宽行中耕效果

第五章 主要病虫草害防治

第一节 玉米草害防治技术

采取化学除草为重点，机械或人工防除为辅助，各项措施相协调的综合防治。根据种植结构、玉米品种、杂草种类、除草剂品种特性、土壤类型、天气等情况，正确选用除草剂品种。

一、苗前除草

苗前除草是指播种后出苗前对土壤的封闭除草。苗前除草可在第一次滴灌后趁土壤湿润时进行。可使用90%或99%乙草胺乳油或72%或96%精异丙甲草胺乳油或90%莠去津水分散粒剂或38%莠去津悬浮剂或25%噻吩磺隆可湿性粉剂或87.5% 2，4-D异辛酯乳油或57% 2，4-D丁酯乳油或90%乙草胺乳油或96%精异丙甲草胺乳油+75%噻吩磺隆或67%异丙·莠去津悬浮剂或40%乙·莠乳油或50%嗪酮·乙草胺乳油等药剂，于玉米播种后出苗前，对水均匀喷雾（按照说明书使用）。

二、苗后除草

苗后除草必须在玉米植株3叶以后6叶之前喷药。

（1）推广使用30%苯吡唑草酮悬浮剂或10%硝·磺草酮悬浮剂或4%、6%、8%烟嘧磺隆悬浮剂或90%莠去津水分散粒剂或38%莠去津悬浮剂或25%辛酰溴苯腈乳油或硝磺·莠去津、烟嘧·莠去津混配制剂或莠去津与苯吡唑草酮、烟嘧磺隆·辛酰溴苯腈混用，于玉米3～5叶期，杂草2～4叶期，对水均匀喷雾。

要注意的是，烟嘧磺隆不能用于甜玉米、糯玉米及爆裂玉米田，不能与有机磷类农药混用，用药前后7天内不能使用有机磷类农药。

（2）针对各种原因造成的玉米生长中后期杂草发生情况，可选用20%百草枯水剂、25%砜嘧磺隆水分散粒剂，进行玉米行间定向喷洒，施药时喷头应加装保护罩，避免喷溅到玉米植株上产生药害。

三、除草剂使用相关作业要求

（一）除草时配合助剂及用量

合理选用植物油型喷雾助剂，能够提高除草效果，减少除草剂用药量，减少喷雾用水量，减少雾滴漂移，且对作物更安全。

（1）常规量喷雾，亩喷液量＞30升。

（2）低量喷雾，亩喷液量0.5~30升。

（3）超低量喷雾，亩喷液量＜0.5升。

（二）作业环境条件

作业环境是指喷药当天的天气情况。应选择无雨、少露、气温在5~30℃天气作业；常规量喷雾时风速不得大于3米/秒。即，风力3级以上时不宜施药作业；低量喷雾和超低量喷雾风速不大于2米/秒，超低量喷雾时应无上升气流（图5-1）。

（三）药剂配制

配制药剂时应采用"二次稀释法"，保证喷雾质量，喷雾要求均匀周到，依据土壤墒情和田间杂草发生程度增减药液量。

图5-1　机械喷施除草剂

第二节　玉米虫害防治技术

一、主要地下虫害防治

（一）地下害虫发生种类

地下害虫是指为害时期在土壤中生活的一类害虫，主要有蝼蛄、蛴螬、地老虎、金针虫、旋心虫等（图5-2～图5-6）。这类害虫为害寄主范围广，主要取食作物的种子、根、茎、幼苗等，常造成缺苗、断垄或使幼苗无法正常生长。

（二）防治指标

每平方米虫量，蛴螬为4头、蝼蛄为3头、金针虫为5头，地老虎和旋心虫为＞2头/100株，达到以上数量进行防治即可。

图5-2　地老虎为害状

图5-3　蛴螬为害状

图5-4　金针虫为害状

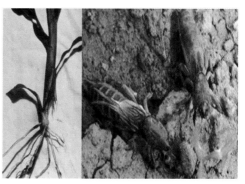

图5-5　蝼蛄为害状

（三）防治措施

1. 种子包衣

根据不同田块地下害虫常年发生的种类和程度，有针对性地选择含有相应有效成分的种衣剂进行种子包衣。配方以克百威35%+多菌灵30%+福美双25%或克百威20%+福美双15%或35%多·克·福悬浮

图5-6　旋心虫为害状

种衣剂或20%克·福悬浮种衣剂或16.8%克·多·福或9.6%福·戊等种衣剂进行拌种或闷种。

防治旋心虫的种衣剂克百威有效成分含量必须在7%以上，其他药剂不能杀死苗期害虫，在种衣剂使用过程中应严格按照农药标签上所标注的用药剂量进行包衣，不得擅自增加用药量。

2. 冬季深翻

秋收后及时深翻土壤25厘米以上，通过翻耕可以破坏害虫生存和越冬环境，减少次年虫口密度。

3. 清洁田园

作物收获后，清洁田间周边秸秆、根茬、杂草，不施未腐熟的肥料，以减少害虫产卵和隐蔽的场所。及时铲净田间杂草，减少幼虫早期食料。将杂草深埋或运出田外沤肥，消除产卵寄主。

4. 诱杀成虫

（1）灯光诱杀。金龟子、地老虎、蛴螬、蝼蛄的成虫有强烈的趋光性，根据各地实际情况，于成虫盛发期采用安装频振式杀虫灯进行诱杀。

每盏频振式杀虫灯控制面积达30～40亩，放在田间距地面30厘米处，傍晚时开灯诱杀，可有效诱杀蝼蛄、蛴螬、地老虎等成虫，降低虫卵量70%左右，有很好的防治效果。

（2）糖醋液诱杀。放置糖醋酒盆可诱杀地老虎和蛴螬的成虫。将糖、醋、酒、水按3：4：1：2配制，再加入少量的敌百虫，用盒子装好，于傍晚时分，放置在田间距地面1米高处，可诱杀地老虎、蛴螬成虫。

（3）毒饵诱杀。一是用80%敌百虫0.05千克，与炒香豆饼、麦麸、粗玉米

粉5千克对水适量配成毒饵，于傍晚撒施在被害田块，每亩1～1.5千克。也可在无雨傍晚，在田间挖坑诱杀蝼蛄，放置毒饵，次日清晨收拾诱到的所有害虫集中处理。

二是将新鲜草或菜切碎诱杀地老虎。用50%辛硫磷100g加水适量配成诱饵诱杀蝼蛄、地老虎，亩用1～1.5千克，或用50%的辛硫磷100g加水2～2.5千克喷在100千克切碎新鲜的杂草或菜叶制成毒饵，于傍晚将毒饵分成若干小份散放于玉米田中毒杀地老虎。

5. 根部灌药

可用90%晶体敌百虫800倍液、50%辛硫磷乳油500倍液、40.7%毒死蜱乳油1 500倍液等，喷施植株下部或灌根防治，8～10天灌一次，连续灌2～3次。在地下害虫密度高的地块，可采用90%晶体敌百虫500倍液，在下午4时开始灌在植株根部，杀灭地老虎效果达90%以上，还可兼治蛴螬和金针虫。

6. 撒施毒土

每亩用50%辛硫磷乳油0.1千克，拌细沙或细土25～30千克，用48%毒死蜱乳油150毫升制成20～30千克毒土，均匀撒施后，再整地播种；用5%杀虫双颗粒剂1～1.5千克加细土15～25千克撒施；50%辛硫磷乳剂100毫升拌细炉渣15～25千克撒施，可杀死地下害虫；用92.5%敌百虫粉1千克，拌细土20千克，撒施于玉米根周围。

在作物根旁开沟撒入药土，随即覆土，或结合锄地将药土施入，可防治多种地下害虫。

7. 苗期害虫（旋心虫）防治

玉米苗期5叶之前旋心虫为害最重，用90%晶体敌百虫800～1 000倍液或80%敌敌畏乳油1 500倍液或50%辛硫磷乳油1 000～1 500倍液等药剂，在成虫发生期喷2～3次，每7～10天喷一次，均有较好的防治效果。

二、玉米螟防治方法

（一）防治指标

一代玉米螟花叶率超过10%；二代玉米螟百穗花丝幼虫达到50头进行防治。

（二）玉米螟发生时期

玉米螟在通辽每年发生2代，以老熟幼虫在玉米秸秆、穗轴和根茬中越冬。越冬代幼虫5月下旬开始化蛹，6月中旬为化蛹盛期和第一代成虫出现初期，成虫盛期在6月下旬。第一代卵盛期为6月末到7月初；卵期4～5天。7月初为卵孵化盛期。第二代成虫7月下旬开始出现，8月上旬开始为害玉米（图5-7、图5-8）。

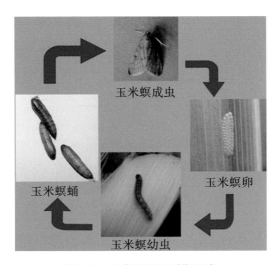

图5-7　玉米螟不同时期形态

（三）防控技术措施

主要有白僵菌封垛、频振灯诱杀、赤眼蜂杀卵、性诱剂诱杀、颗粒剂灌心五种防治方法。

图5-8　二代玉米螟为害状

1.农业防治

（1）处理越冬寄主。主要处理越冬寄主，压低虫源基数。即在越冬代玉米螟化蛹（时间大约在5月25日）前，把主要越冬寄主作物的秸秆残茬处理完毕。

（2）选用抗虫品种。推广高产、优质的抗螟玉米杂交种品种。禁止使用转基因品种。

（3）精细整地。实行秋翻、春耙或旋耕等精细整地措施，破坏越冬代玉米螟生存环境，降低虫源基数。

2.生物防治

（1）白僵菌封垛。根据玉米螟越冬后，化蛹时爬出洞外补充水分的特性，将白僵菌施入秸秆垛内，封垛时间在通辽地区一般为5月5日—15日。

封垛方法有两种。一是喷液法，即：每立方米玉米秸秆用含量为300亿个孢子/克的白僵菌7克，对水0.5千克，每立方米一个喷点；二是喷粉法，每立方米玉米秸秆用含量为300亿个孢子/克的白僵菌7克，对滑石粉0.5千克均匀混合后，视形状大小在玉米秸秆（或茬）垛的茬口侧面用木棍向垛内捣洞0.5～1米，将机动喷粉机的喷管插入洞中加大油门进行喷粉，直至垛顶冒出白烟为止。每立方米一个喷粉点（图5-9、图5-10）。

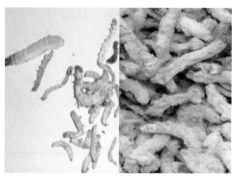

图5-9　白僵菌封垛　　　　　　　　　图5-10　僵虫

（2）田间释放赤眼蜂。根据赤眼蜂寄生于玉米螟卵的特性，田间释放赤眼蜂，可有效控制玉米螟为害。

亩放蜂量：一共释放赤眼蜂1.5万头，分2次释放，每次0.75万头，亩均匀释放，每次1点。

释放方法：将撕好的蜂卡用钊线缝在玉米背光的叶片中部背面，距基部1/3处。

释放时间：当越冬带玉米螟化蛹率达20%时，后推10天，通辽地区一般在6月22—26日，为第一次放蜂适期，间隔5～7天后第二次放蜂（图5-11、图5-12）。

图5-11　蜂卡别放位置　　　　　图5-12　赤眼蜂生态变化

（3）生物药剂灌心叶。一是白僵菌颗粒剂。亩用每克含500亿个孢子的白僵菌粉20克，用适量水稀释后与1.5～2千克细河沙混拌均匀，晾干后灌心叶。

二是BT颗粒剂。亩用150毫升BT乳剂，对适量水，然后与1.5～2千克细河沙混拌均匀，晾干后灌心叶。

以上两种生物颗粒剂应随拌随用。于玉米大喇叭口初期撒入玉米芯叶内（图5-13）。

图5-13　白僵菌及BT颗粒剂灌心防治玉米螟

3. 物理技术措施

（1）频振式杀虫灯诱杀玉米螟成虫。在村屯四周间隔100米安灯一盏，从玉米螟羽化始期开始，通辽地区一般在6月5日开灯到7月5日结束，可根据玉米螟化蛹羽化进度确定开灯时间，开灯一个月。具体开灯时间每晚8点半开灯到次日4点闭灯（图5-14）。

图5-14　智能频振式杀虫灯田间诱杀玉米螟

（2）性诱剂诱杀。性诱剂诱杀玉米螟技术是近年来国家倡导的主要绿色防控技术手段之一，其原理是在玉米螟雌虫性成熟后，在6月上旬至中旬放置玉米田里，与玉米植株同高位置，这时通过诱芯释放人工合成的性信息素化合物，引诱雄玉米螟至诱捕器，并用物理法杀死雄玉米螟，从而阻止其交配，最终达到防治的目的（图5-15、图5-16）。

图5-15　性诱剂诱捕器诱杀玉米螟　　　　图5-16　放置性诱剂

4. 化学防控措施

（1）颗粒剂灌心。使用1.5%或3%辛硫磷颗粒剂或0.4%溴氰菊酯颗粒剂或1%杀螟灵颗粒剂等，亩用量350～500克。

（2）自制颗粒剂。毒死蜱·氯菊颗粒剂，亩用量350～500克。

（3）化学药剂喷施。在玉米螟幼虫3龄之前将25%灭幼脲或1.8%阿维菌素等用喷雾器或高架喷雾机喷施植株（图5-17、图5-18）。

图5-17 化学药剂喷施防治玉米螟　　　　图5-18 高架喷雾机喷施防治玉米螟

三、黏虫防治

黏虫为鳞翅目，夜蛾科。该虫为迁飞性暴发的害虫，俗称行军虫。

（一）发生时期

该虫在通辽地区一年发生两代，即俗称的二代、三代黏虫。二代黏虫6月中上旬到7月上旬主要为害小麦、谷子，三代黏虫只在个别年份发生，发生期在7月末至8月上旬，主要为害玉米、谷子、高粱和水稻等。

（二）为害特点

成虫昼伏夜出，幼虫咬食叶片。1～2龄幼虫取食叶片造成空洞，3龄以上幼虫为害叶片后呈不规则缺刻，暴食后，可以吃光叶片，大发生时将玉米叶片吃光只剩叶脉，造成严重减产，甚至绝收。当一块玉米田全部植株被吃光后，幼虫成群迁移另一块田为害，故称行军虫。

（三）防治指标

玉米田黏虫密度二代达10头/百株，三代50头/百株以上时进行防治（图5-19）。

图5-19　黏虫为害状

（四）防控措施

1. 做好监测预警工作

要做好本辖区的虫情调查，查卵和幼虫，随时掌握虫情动态，及时发布黏虫虫情预报，为做好应急防控提供依据。

2. 成虫诱杀技术

（1）谷草把法。一般扎直径为5厘米的草把，每亩插60～100个，5天更换一次，换下的草把集中烧毁，以消灭黏虫卵。

（2）糖醋诱杀法。取红糖350克、白酒150克、醋500克、水250克、再加90%的晶体敌百虫15克，制成糖醋诱液，置于盆内，放在田间1米高的地方诱杀黏虫成虫。

（3）性诱捕法。用配置黏虫性诱芯的干式诱捕器（挂法同玉米螟性诱剂相同），每亩挂1个插杆在田间，诱杀成虫。

（4）杀虫灯诱杀。在成虫发生期，在田间安置杀虫灯，灯间距100米，夜间开灯，诱杀成虫。

在二代黏虫成虫产卵期间，根据成虫的产卵特点，在田间连续诱卵或摘除卵块，可明显减少卵量、幼虫数量。

3. 农艺措施

（1）中耕除草。幼虫发生期，利用中耕除草将杂草及幼虫翻于土下，杀死幼虫，同时也降低了田间湿度，增加幼虫死亡率。

（2）人工捕杀。铲除地头、地边杂草，留出3～5米隔离带，在隔离带附近杂草喷洒农药，彻底隔离黏虫进入田间通道。

（3）挖防虫沟。在黏虫幼虫迁移为害时，应在其转移的道路上挖深沟，沟宽30～40厘米，深30～40厘米、上宽下窄的小防虫沟，在沟内喷上粉剂农药，或中间立塑料薄膜，确保幼虫不能爬越；建15厘米宽的药带进行封锁；也可在沟中放入一些麦秸、玉米秸等，用菊酯类农药＋敌敌畏拌毒土撒到沟中，浓度适当增加10%～20%。建立隔离带，对掉入沟内的黏虫集中处理，阻止其继续迁移扩散为害。

4. 生物药剂防治

在黏虫卵孵化盛期喷施苏云金杆菌（Bt）制剂或1.8%阿维菌素。

5. 化学防治

（1）卵孵化初期可用4.5%高效氯氰菊酯乳油3 000倍液或25%灭幼脲500～1 000倍液喷雾防治。

（2）3龄前幼虫亩可用4.5%高效氯氰菊酯50～100毫升加水30千克或50%辛硫磷乳油或80%敌敌畏乳油或40%毒死蜱乳油75～100克加水50千克均匀喷雾。

（3）3龄以上幼虫，用5%甲氰菊酯乳油＋乙酰甲胺磷或5%氰戊菊酯+50%辛硫磷或2.5%高效氯氟氰菊酯乳油+1.8%阿维菌素或35%氯虫苯甲酰胺+2.5%氯氟氰菊酯或30%丁硫·啶虫脒800～1 000倍液或40%菊·马乳油2 000～3 000倍液或20%丁硫·吡虫啉2 000～2 500倍液或4%高氯·甲维盐喷雾防治。化学药剂可使用高架喷雾机或者无人机进行喷施（图5-20）。

图5-20　无人机喷洒农药

四、蚜虫防治

蚜虫，又称腻虫、蜜虫，属半翅目，蚜科害虫。为害玉米的蚜虫主要有玉米蚜、禾谷缢管蚜、麦管蚜等。

（一）发生时期

玉米蚜虫的有翅蚜在7月中下旬由禾本科杂草寄主迁飞至玉米田，以产生无翅蚜继续为害，7月底8月初玉米处于生长旺盛阶段，蚜虫增殖迅速（图5-21、图5-22）。

图5-21 蚜虫为害状-1　　　　　　　图5-22 蚜虫为害状-2

（二）为害特点

蚜虫是刺吸式口器的害虫，常群集于叶片、茎、雄穗、雌穗等部位，刺吸汁液，使叶片皱缩、卷曲、畸形，严重时引起叶片、雄穗枯萎甚至整株死亡。蚜虫分泌的蜜露还会诱发煤污病、病毒病等发生，轻者造成玉米生长不良，影响光合作用，严重受害时，植株生长停滞，蚜虫还能传播玉米矮花叶病毒病，造成不同程度的减产。

（三）防治方法

可喷施10%吡虫啉可湿性粉剂2 000倍液或3%啶虫咪乳油2 000~25 00倍液或25%阿维·吡虫啉或40%硫酸烟精800~1 200倍液或鱼藤精1 000~2 000倍液或50%辟蚜雾乳油3 000倍液等。以上药剂都能达到很好防治的效果。

第三节　玉米主要病害防治技术

通辽地区玉米病害主要有玉米黑粉病、玉米茎基腐病、玉米粗缩病、玉米弯孢霉菌叶斑病、玉米大小斑病、玉米锈病、褐斑病、灰斑病等。

一、黑粉病

黑粉病分两种，一种是瘤黑粉，一种是丝黑穗病。

（一）病原菌

黍轴黑粉菌，属担子菌亚门真菌。

（二）病因

病部散出的黑粉是病菌的冬孢子，为球形或卵形，在田间土壤、地表、病残株及种子上越冬。冬孢子没有休眠期，条件适宜即可萌发侵染。黑粉病以土壤和种子传病为主，病害的流行受越冬的菌源数量、环境条件及品种抗病性等影响（图5-23、图5-24）。

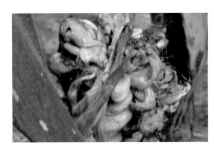

图5-23　瘤黑粉症状　　　　　图5-24　丝黑穗病为害状

（三）为害症状

在玉米植株任何部位可产生形状各异，大小不一的瘤状物。主要为害玉米雄穗和雌穗，雄穗染病，有的整个花序被破坏变黑，有的花器变形增生，颖片增多、延长。雌穗染病，比健穗短，下部膨大，顶部较尖，整个果穗变成一团黑褐色粉末和散落的黑色丝状物，病株多矮化。

（四）防控技术措施

1. 农业防治

（1）选用抗病品种。品种间抗性差异较大，严格选用抗性强的玉米品种预防丝黑穗病的发生。

（2）适当迟播，提高播种质量。

（3）播前晒种2~3天。播种前一周选择晴天将种子置于向阳干燥的地方晒种，可杀死大部分病原菌。

（4）深翻土壤。秋季深翻，将病原菌翻入土壤，减少病原菌数量。

（5）拔除病株。发现病株及早拔除，并带出田外深埋。

（6）加强田间管理。加强水肥管理，促进玉米生长发育，增强植株的抗病性，减少黑粉病的发生。

（7）轮作。重病区实行3年以上轮作，施有机肥、秸秆肥要充分堆沤发酵。

2. 药剂防治

（1）拌种。用含有烯唑醇、戊唑醇、三唑酮、苯醚甲环唑或50%甲基托布津的粉剂，按种子重量的0.3%～0.5%拌种。或用10%咯菌腈5毫升+芸苔素内酯一袋25克拌玉米种10千克。

（2）药剂防治。苗期喷施96%恶霉灵+芸苔素内酯+壮苗剂，防病效果较好。

二、玉米茎基腐病

（一）病原菌

一种是由半知菌亚门腐霉菌和镰刀菌真菌造成的土传真菌病害；另一种是细菌性茎基腐病。

（二）为害症状

1. 真菌性茎基腐病症状

玉米茎基腐病病菌从根系侵入，在植株体内蔓延扩展，在玉米大喇叭期开始发病。首先在植株中下部的叶鞘和茎秆上出现不规则的水浸状病斑，地上表现为中下部叶片边缘从下而上变黄变褐，根部木质部变褐，严重时初生根、次生根坏死、腐烂，从而引起茎基部腐烂，茎空心变软，遇风根部及茎基部易折断倒伏，引起整株倒伏或枯死，在乳熟后期是显症高峰（图5-25、图5-26）。

图5-25 真菌性茎基腐病　　图5-26 真菌性茎基腐病（青枯型）

2. 细菌性茎基腐病症状

典型症状是在玉米植株中下部叶鞘和茎秆上发生水侵状腐烂，植株茎基部

第二或第三茎节完全坏死腐烂，用手轻折易在坏死处折断，腐烂部位具有腥臭味。玉米大喇叭口期发病，发病植株一般不能抽穗和结实，发病严重的青枯死亡，对玉米产量造成直接影响（图5-27、图5-28）。

图5-27　细菌性茎基腐病

图5-28　细菌性茎基腐病（青枯型）

（三）防控技术措施

1. 农业防治

（1）合理轮作。由于通辽地区玉米多年连作，造成土壤中致病菌大量聚集，基数很高，一旦遇到适宜的气候条件，易造成该病害大发生。因此玉米应该与豆类等非禾本科作物进行2～3年轮作。

（2）选用抗病品种。不同品种抗性存在显著差异，抗病品种发病较轻或不发病，应把选择抗病品种作为主要预防措施。选购种子时要仔细阅读标签标识，选择抗病品种。

（3）清洁田园。玉米收获后彻底清除田间病株残体，集中深埋或高温沤肥，减少田间初侵染源。

（4）合理密植。种植密度过高可造成田间郁闭，通风透光不良而加重病害，通过合理密植，改善农田小气候，创造良好的生长环境。

（5）加强田间管理。合理施肥，避免偏施氮肥、增施钾肥可明显降低发病率。注意雨后及时排水，要及时中耕松土，避免各种损伤。及时治虫，可减少伤口损伤，有效预防发病率。

2. 化学防治

（1）拌种。真菌性茎基腐病药剂拌种可以减少种子表面的带菌率，并减少土壤中病原菌的侵染，减轻发病。可用25%三唑酮可湿性粉剂或70%甲基硫菌灵对水适量，种子重量的0.3%药剂拌种。

（2）喷药防治。真菌性基腐病每亩用57.6%寇菌清干颗粒剂15～20克对水30千克喷雾或灌根，每株250毫升，连灌二次，间隔7～10天。同时及时排除田间积水，降低土壤湿度。细菌性基腐病用72%农用链霉素2 000倍液灌根，每株250毫升，连灌二次，间隔7～10天。同时及时排除田间积水，降低土壤湿度。

也可综合防治，用甲霜灵400倍液或多菌灵500倍液+农用硫酸链霉素4 000倍液灌根，每株250毫升，连灌二次，间隔7～10天。有较好的治疗效果。

三、玉米弯孢霉菌叶斑病

（一）病原
半知菌亚门，弯孢霉属真菌。

（二）发病症状
典型症状为初生退绿小斑点，逐渐扩展为圆形至椭圆形退绿透明斑，中间枯白色至黄褐色，边缘暗褐色，四周有浅黄色晕圈，大小0.5～4毫米×0.5～2毫米，大的可达7毫米×3毫米。湿度大时，病斑正、背两面均可见灰色分生孢子梗和分生孢子，背面居多。该病症状变异较大，在一些自交系和杂交种上，有的只生一些白色或褐色小点。（图5-29、图5-30）。

图5-29　玉米叶斑病发病病状

图5-30　玉米叶斑病发病病状

（三）防治方法

1. 农业防治

一是选用抗病品种；二是轮作倒茬和清除田间病残体；三是适当早播；四是提倡施用酵素菌沤制的堆肥或充分腐熟有机肥。

2. 化学防治

选用40%氟硅唑10 000倍液或50%退菌特可湿性粉剂1 000倍液或12.5%特普唑可湿性粉剂4 000倍液或50%付腐霉利可湿性粉剂2 000倍液等。在玉米大喇叭口期，灌心或喷雾均可。如采用喷雾法可掌握在病株率达10%左右时喷第1次药，隔15～20天再喷1～2次。

四、玉米小斑病

（一）病原

小斑病为半知菌亚门，长蠕孢菌。

（二）发病症状

主要为害叶片，也为害叶鞘和包叶。小斑病呈圆状不规则斑块，病斑多而小，发病区边缘呈紫红色，向内逐渐变浅，中心则锈状枯干。玉米小斑病发病期为玉米抽雄前后至收获期间，严重时可引起减产20%～30%（图5-31、图5-32）。

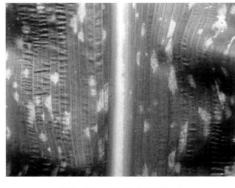
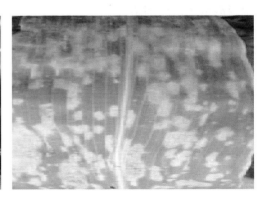

图5-31　玉米小斑病-1　　　　　图5-32　玉米小斑病-2

（三）防治方法

1. 农业防治

一是种植抗病品种；二是加强田间管理，清洁田园，深翻土地，控制菌源，降低田间湿度，增施磷钾肥，增强植株抗病力。摘除下部老叶、病叶，减少再侵染菌源。

2. 化学防治

（1）种子包衣。选择使用含有多菌灵或恶霉灵的杀菌剂包衣。

（2）喷施药剂。发病初期喷洒75%百菌清可湿性粉剂800倍液或70%甲基硫菌灵可湿性粉剂600倍液或25%苯菌灵乳油800倍液或50%多菌灵可湿性粉剂600倍液等，间隔7～10天喷施一次，喷施2～3次。

五、玉米大斑病

（一）病原

玉米大斑病原菌属于半知菌亚门真菌，大斑凸脐蠕孢。

（二）发病症状

玉米大斑病又称条斑病、煤纹病、枯叶病、叶斑病等。主要为害玉米的叶片、叶鞘和苞叶。叶片染病先出现水渍状青灰色斑点，然后沿叶脉向两端扩展，形成边缘暗褐色、中央淡褐色或青灰色的大斑。后期病斑常纵裂。病斑大而少，严重时病斑融合，叶片变黄枯死。潮湿时病斑上有大量灰黑色霉层，下部叶片先发病。在单基因的抗病品种上表现为退绿病斑，病斑较小，与叶脉平行，色泽黄绿或淡褐色，周围暗褐色。有些表现为坏死斑（图5-33、图5-34）。

图5-33　玉米大斑病为害状-1　　　　图5-34　玉米大斑病为害状-2

（三）防治方法

1. 农业防治

（1）选用抗病品种。不同品种抗性存在显著差异，抗病品种发病较轻或不发病。目前我国已经育出一批抗大斑病的品种，因此一定要把选择种植抗病品种作为主要预防措施。

（2）适期早播，避开病害发生高峰。

（3）加强田间管理。施足基肥，增施磷钾肥，及时追肥，及时中耕除草，控制好田间相对湿度，使植株生长发育健壮，提高抗病力。玉米收获后，及时清洁田园，将秸秆集中处理，经高温发酵用作堆肥。

2. 化学防治

对于价值较高的育种材料及丰产田玉米，可在心叶末期到抽雄前或发病初期喷施药剂防治，可以选择喷施50%多菌灵可湿性粉剂500倍液或50%甲基硫菌灵可湿性粉剂600倍液或64%恶霉灵·锰锌600倍液或25%苯菌灵乳油800倍液或40%克瘟散乳油800～1 000倍液或农用抗菌素120水剂200倍液等，隔10天防一次，连续防治2～3次。一般于病情扩展前防治，即在玉米抽雄前后当田间病株率达70%以上、病叶率20%左右时，开始喷药防治。

六、褐斑病

（一）病原

褐斑病原菌属于鞭毛菌亚门，节壶菌属。

（二）发病症状

发生在玉米叶片、叶鞘及茎秆，先在顶部叶片的尖端发生，以叶和叶鞘交接处病斑最多，常密集成行，最初为黄褐多功能或红褐色小斑点，病斑为圆形或椭圆形到线形，隆起附近的叶组织常呈红色，小病斑常汇集在一起，严重时叶片上出现几段甚至全部布满病斑，在叶鞘上和叶脉上出现较大的褐色斑点，发病后期病斑表皮破裂，叶细胞组织呈坏死状，散出褐色粉末（病原菌的孢子囊），病叶局部散裂，叶脉和维管束残存如丝状。茎上病多发生于节的附近（图5-35、图5-36）。

图5-35　褐斑病为害状（茎秆）

图5-36　褐斑病为害状（叶片）

（三）防治方法

1. 农业防治

（1）选用抗病品种。

（2）实行3年以上轮作。

（3）清洁田园。玉米收获后彻底清除病残体组织，并深翻土壤；施足底肥，施用酵素菌沤制的堆肥或充分腐熟的有机肥。

（4）合理密植，大穗品种3 800～4 000株/亩，耐密品种也不超过5 500株/亩，提高田间通透性。

（5）加强田间管理。适时中耕锄草，及时追肥，促进植株健壮生长，提高抗病力。发现病害，应立即追肥，注意氮、磷、钾肥搭配。

2. 化学防治

提早预防，在玉米4～5片叶期，每亩用72%霜霉威1 500倍液或58%甲霜灵·锰锌600倍液叶面喷雾或69%烯酰吗啉·锰锌700倍液或67.75%氟菌·霜霉威2 000倍液可有效防治玉米褐斑病的发生。间隔7天左右喷施一次，共喷2次，喷后6小时内如下雨应雨后补喷。

七、灰斑病

（一）病原

灰斑病病原菌为半知亚门真菌，玉米尾孢和高粱尾孢。

（二）发病症状

主要为害玉米叶片，也侵染叶鞘和苞叶。发病初期在叶脉间形成圆形、卵圆形红褐色的矩形条斑，病斑多限于叶脉之间，与叶脉平行，成熟时病斑中央灰色，边缘褐色，大小（4～20）毫米×（2～5）毫米。湿度大时病斑背面生出灰色霉状物（图5-37、图5-38）。

图5-37　灰斑病发病症状-1　　　　　图5-38　灰斑病发病症状-2

（三）防治方法

1. 农业防治

玉米收获后，及时清除玉米秸秆等病残体，减少田间初浸染来源。合理施肥，合理密植，增加田间的通风透光性，增强植株的抗病力。玉米发病后，在病株率达到70%，病叶率达20%左右时，摘除病株下部2～3片病叶，减少病害的再次侵染源。

2. 化学防治

分别于发病初期、大喇叭口期和抽雄吐丝期，选用70%甲基硫菌灵用或50%多菌灵可湿性粉剂500倍液或80%炭疽福美可湿性粉剂800倍液或50%退菌特可湿性粉剂600～800倍液、25%丙环唑10克/亩或10%苯醚甲环唑1 500倍液等，能有效控制病害。

第六章 玉米收获

第一节 滴灌带回收

一、滴灌带回收时间

一般籽粒专用玉米在9月下旬停止滴水后，选择晴天即可进行回收。全株青贮玉米应在8月中下旬停止滴水，晴天收割后回收管带。

二、回收方法

（一）收割前回收滴灌带

拆除田间连接部件，其中主管、支管、接头可重复利用。滴灌带采用小四轮地头拖拉、缠绕等机械辅助的回收方式（图6-1、图6-2）。

图6-1 滴灌带回收-1

图6-2 滴灌带回收-2

（二）收获后回收滴灌带

待玉米收获后，拆除田间连接部件和主管、支管，滴灌带采用专用的滴灌带回收机械进行回收（图6-3、图6-4），日收滴灌带100～150亩。每亩费用约7元，成本低效率高。

（三）资源化循环利用

回收的滴灌带可送到回收网点以旧换新或变卖换钱，由回收网点与相关企业对接进行资源化再利用，实现清洁生产，资源循环高效利用。

图6-3　滴灌带回收机-1　　　　图6-4　滴灌带回收机-2

第二节　玉米收获

一、籽粒玉米收获

（一）玉米生理成熟指标

当田间90%以上玉米植株叶片变黄，果穗苞叶枯白而松散，籽粒变硬、基部有黑色层，用手指甲掐之无凹痕，表面有光泽，乳线消失，即可收获（图6-5、图6-6）。

 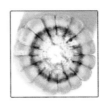 

乳线出现　　　　乳线居中　　　　乳线消失

图6-5　成熟的玉米　　　　图6-6　玉米生理成熟指标

（二）收获时间

一般在9月末至10月初玉米生理成熟一周后收获。收获过早籽粒没有完全成熟，籽粒不饱满。收获过晚，如果遭遇大风、大雪等极端天气，造成不必要的损失。

（三）机械收获

籽粒含水率在30%～35%时，选用适宜的玉米联合收穗机械，作业包括摘穗、剥皮、集箱以及茎秆粉碎还田作业。籽粒含水量在25%以下时，采用机械直接收粒并粉碎秸秆（图6-7、图6-8）。

图6-7 玉米机械收穗　　　　　图6-8 玉米机械直接收粒

二、全株青贮玉米收获

（一）最佳收获时间

青贮饲料的营养价值，除与品种有关外，还受收割时期的直接影响。收获过早，植株含水量高、酸度高，饲料的品质较差；收获过晚，植株含水量低，饲料的品质也会降低。因此，适时收割能获得较高产量和营养价值。

青贮玉米在乳熟中期生物产量最高，而随着籽粒灌浆和成熟度的提高，全株鲜重和蛋白质含量有所下降，但乳熟后期至蜡熟前期（四分之一乳线）全株干物质和蛋白质总量较高，且含水量适宜青贮，贮藏后中性洗涤纤维（NDF）和酸性洗涤纤维（ADF）的含量最低，此时消化率最高。

（二）收割方法

1.机械收割

采用联合收割机在田间直接收割并粉碎，随即运送到随行的运输车里，然后运送到青贮窖后即刻下窖、填装。

2. 合理控制留茬高度

留茬过低会夹带泥土，泥土中含有大量的梭菌属等腐败菌，易造成青贮腐败；留茬过高会影响生物产量，减少经济效益。一般合理的留茬高度控制在15～20厘米。如果全株青贮玉米是喂给奶牛的，割茬高度要适当高一些，留茬45.7～47.5厘米，有利于提高全株玉米青贮的营养价值，提高饲料效率和奶牛产奶量。留茬较高时，干物质水平也会上升，所以留茬较高时收割宜早不宜迟。如果出现干旱时，玉米植株已经很干枯，那么留茬高度可以降低到15厘米。

3. 适宜切割长度

全株玉米青贮切割的合适长度为1～3厘米，合格率90%以上，破节率95%以上，且90%以上的切段应破成四瓣以上，切段间缠结少，切段缠结率小于15%。籽粒破碎装置的滚轮空隙应该设置为2毫米。籽粒破碎的主要目的是打破玉米籽粒，使淀粉能够更加容易被瘤胃微生物利用，进而提高青贮饲料的淀粉消化率。

（三）科学贮藏

全株青贮玉米收割后可以根据需求进行处理（图6-9、图6-10）。临时用料或者临时销售的可以临时装袋贮存（图6-11）；需要长期存放的可以采用机械进行打包长期贮存（图6-12）；或者就近装填青贮窖（图6-13）。

图6-9　青贮玉米机械化收割　　　图6-10　青贮玉米机械化切割打包

图6-11　粉碎后临时装袋

图6-12　粉碎后打包长期存放

图6-13　青贮玉米粉碎后装填窖池

第七章 收获后配套耕作技术

第一节 秸秆还田

一、秸秆还田原理

秸秆还田是把不作饲料的玉米秸秆直接粉碎抛撒均匀后深翻到土壤里或堆积腐熟后施入土壤中的一种方法。农业生产的过程也是一个能量转换的过程，秸秆中含有大量的新鲜有机物，在归还于农田之后，经过一段时间的腐解作用，就可以转化成有机质和速效养分。既能改善土壤理化性状，也可供应一定的养分。

二、秸秆还田作用

玉米秸秆还田，不但可以培肥地力，还杜绝了秸秆焚烧所造成的大气污染，改善了土壤团粒结构，使土壤疏松，孔隙度增加，容重减轻，促进微生物活力和作物根系的发育。

三、秸秆还田技术要求

（一）秸秆粉碎

玉米收获后趁秸秆含水量较高时及时粉碎，为避免秸秆过长导致土壤不实，使用收割机边收获边切碎秸秆，秸秆粉碎长度一般不超过5厘米，使其均匀覆盖地表（图7-1、图7-2）。

图7-1　机械收获及秸秆粉碎联合作业

图7-2　机械粉碎秸秆

（二）撒施秸秆腐熟剂

每亩撒施2～5千克秸秆腐熟剂在作物秸秆上。

每亩增施5千克尿素，调节碳氮比以加快秸秆腐烂，使其尽快转化为有效养分（图7-3、图7-4）。

图7-3　人工撒施腐熟剂

图7-4　撒施秸秆腐熟剂和尿素

（三）深翻整地

秸秆粉碎还田后，要适时旋耕灭茬，并进行深翻。采用深翻机进行作业，深度25厘米以上，将粉碎的玉米秸秆翻入土层，减少地表秸秆量，加快秸秆腐烂（图7-5、图7-6）。如果土壤墒情不好，需浇水调节田间含水量。

图7-5　机械灭茬

图7-6　秸秆机械深翻还田

（四）秸秆还田时注意防控重大病虫害

病虫害发生严重的地块应将秸秆集中处理或高温堆腐后再还田。受传播性较强的病害影响的地块，不提倡秸秆还田，也不提倡作饲料，秸秆过腹还田也可能造成某些病害（如黑穗病等）的大发生。一般这类秸秆可以作为资源化或能源化转化，如制作板材或作为燃料等（图7-7、图7-8）。

图7-7　秸秆制作燃料（燃料化）

图7-8　秸秆制作板材（资源化）

第二节　深翻整地

一、深翻作用

通过深翻，可以打破土壤犁底层，增加了耕层的深度，改善土壤理化性状，下层生土上翻，使之熟化，既改善了土壤结构，又提高了土壤肥力，实现秋墒春用，而且还可冻死越冬虫卵。

二、机具类型

选用80马力以上动力机械牵引，以提供耕翻深度25厘米以上的动力。

三、技术要求

（一）深翻深度

一般深翻深度在25厘米以上，黑土层过浅的地块，可采取上翻下松的松土方法加深耕层，以免将下层沙石翻到土壤耕层。

（三）深翻时间

一般结合秋收后秸秆还田及时进行深翻，遵循翻早不翻晚的原则，给土壤充分的熟化时间。

（三）其他技术要求

（1）深翻时土壤要有一定湿度，保证翻后土壤细碎，利于保墒。但如果土壤含水量过高，翻后易形成黏条，土壤风干后易变成硬坷垃，旋耕整地难以耙碎，且易跑墒。若土壤含水量过低，深翻作业阻力大、功效低，耕作质量差（图7-9）。

（2）深翻时土质黏重的地块应优先翻耕，以达到疏松土壤，加速土壤熟化的目的。对于土壤质地轻的沙质土、坨沼地等不应该翻地，而是应该采取留高茬或秸秆覆盖，起到防治风沙侵蚀土壤的作用，有利于蓄水保墒、保护耕地。

（3）深翻后应立即进行旋耕整地并镇压，防止跑水跑墒（图7-10）。

图7-9　深翻还田　　　　　　　图7-10　秸秆还田后及时整地

第三节　深松技术

一、技术原理

深松是疏松土层而不翻转土层，保持原土层不乱的一种土壤耕作方法。

二、深松作用

（一）打破犁底层

通过深松可以打破犁底层，增加耕层厚度，能改善土壤结构，使土壤疏松通气，提高耕地质量。

（二）增强土壤蓄水能力

提高土壤水分入渗速度，增强土壤蓄水能力，促进农作物根系下扎，提高作物抗旱、抗倒伏能力。

（三）保护耕地

深松后残茬、秸秆、杂草等仍覆盖于地表，既有利于保墒，减少风蚀，又可以吸纳更多的水分，削弱径流强度，缓解地表径流对土壤的冲刷，减少水土流失，能有效地保护耕层土壤（图7-11）。

（四）提高肥料的利用率

土地深松后，可增加肥料的溶解能力，减少化肥的挥发和流失。

三、机具要求

深松机是一种与大马力拖拉机配套使用的耕作机械，机械化深松按作业性质可分为局部深松和全面深松两种。因此对机械要求不同，要根据实际情况进行选择（图7-12）。

图7-11　深松后耕地情况

图7-12　深松机具

四、质量标准和要求

深松作业深度在30～35厘米，深松钩间距40～50厘米。根据农田土壤情况，可每两年或三年深松一次，也可连年深松。连年深松的地块要实行错位深松，深松时间应在作物收获后尽早进行。

第八章　配套设施投资与效益估算

目前，通辽地区无膜浅埋滴灌系统主要有以下三种建设形式，一是利用原有低压管灌设施，增加首部实现滴灌；二是利用现有井源，利用柴油机、喷灌泵抽水，实现滴灌；三是全部为新建。本书主要针对前两种形式进行投资估算。

一、井、电、泵、地下管路符合条件的低压管灌区直接改浅埋滴灌所需投入

建设内容	数量标准	单价（元/亩）	亩投入（元）
出水口焊接丝头	人工和材料		1.5元/亩
滴灌带	600米	0.13元/米	78元/亩
地上横管	7米	1.7元/米	12元/亩
首部：网式沙石过滤器，离心网式过滤器，施肥罐	1套	3 000~5 000元/套（折旧年限10年）	3.3元/亩
远程计量		5 500/套	
农机具改造		200元/台	

二、利用现有井源、柴油机、喷灌泵抽水实现滴灌改造投入（以科尔沁左翼后旗为例）

项目名称	建设内容	数量标准	单价（元/亩）	亩投（元）
合计				137
水源	井（6寸）	100亩1眼	2 000元/眼	20
	喷灌泵	1眼井1台	600元/台	6
	施肥罐过滤器	1眼井1台	1 500/台	15

（续表）

项目名称	建设内容	数量标准	单价（元/亩）	亩投（元）
管道	地上横管	7米	1.7元/米	12
	滴灌带	600米/亩	0.13元/米	78
配件	三通阀门等			6

三、浅埋滴灌与低压管灌基础投入和成本效益对比（单位：亩）

项目	低压管灌（元）	浅埋滴灌（元）	增减成本（元）	备注
首部	0	3.3	3.3	5 000元/套（灌溉面积150亩、折旧年限10年计算）
支管	0	12.0	12.0	（包括横管、接口、人工）
滴灌管带	0	78.0	78.0	0.13元/米，需600米/亩
整地	48.4	53.0	4.6	
种子	40.4	42.4	2.0	
化肥	151.8	139.0	−12.8	
水电	75.4	39.2	−36.2	
播种机械作业	15.4	26.0	10.6	
中耕机械	13.4	4.8	−8.6	
农药	12.6	12.0	−0.6	
劳动力投入	165.0	102.0	−63.0	
机收	60.0	60.0	0.0	
总成本	582.4	571.7	−10.7	
增收		197.06		2015—2017三年平均数
滴灌带回收利用			−20.0	
新增效益			227.76	

注：1.整个生育期补灌用水量低压管灌玉米亩需水量260立方米，浅埋滴灌玉米亩需水量134立方米，每年每亩节约126立方米，平均节水率达48.46%。

2.平均亩增产176.78千克，平均亩增产率27.54%，平均亩增纯收益227.76元。

第九章 浅埋滴灌水肥一体化栽培技术常见问题

第一节 原有低压管灌改建浅埋滴灌需要注意的问题

1. 机电井与潜水泵型如何配套？

通辽地区机电井很多是2007年农业开发项目时建设的，其主管道和潜水泵已不能够满足浅埋滴灌的需要。目前，潜水泵型号多为200QJ80-22泵型，要满足浅埋滴灌的需要就要更换潜水泵，如200QJ50-36、200QJ50-39、200QJ80-44等，同时还要考虑变压器是否需要增容等问题。

2. 灌溉时间如何控制？

灌溉时间的长短由井、潜水泵和灌溉面积的多少决定。如选择200QJ50-39或200QJ50-52的泵型，每个轮灌组控制面积20～25亩，每次灌溉时间为10～15小时。

3. 一定要进行管道压力检测吗？怎样检测？

低压管灌改浅埋滴灌首先要对原有管道进行压力检测，承压需达到0.4兆帕，具体办法是关上单井控制的所有出水栓，出水压力达到0.4兆帕时打开最末端出水栓，如果出水栓正常出水，说明原有管道压力满足要求。

第二节 浅埋滴灌管网铺设连接过程常见问题

1. 浅埋滴灌系统主要包括什么？

（1）水源井：以机电井为主，出水量20立方米/小时以上均可作为浅埋滴灌种植方式的水源井。

（2）水泵：大部分为潜水泵。

（3）管道：与水泵连接的出水主管道直径一般为75毫米，目前，过滤器进水口直径一般是110毫米，出水口90毫米，主管道与过滤器连接需要75毫米变径为110毫米，滴灌支管直径为63毫米，过滤器出水口与滴灌支管连接需要90毫米变径为63毫米。

（4）施肥罐：一般选择容积为50~150升的施肥罐，可根据农户种植面积决定。

（5）过滤器：根据井控面积和水质而定，一般选择筛网式过滤器，分为ϕ80、ϕ100、ϕ160等不同型号。井控面积大或水中杂质及泥沙过多，相应选择型号较大的。

2. 滴灌带适宜埋深是多少？埋深点可以吗？

2~4厘米。如滴灌带埋土过深，上水压力增大，影响浇水。另外沙土地如果滴灌带埋的过深，水分迅速下移，播种后种子周围水分不够，易出现种子芽干无法出苗现象。

3. 铺设滴灌带是否有反正面？

滴灌带有反正面，必须将凹凸面朝上。

4. 浅埋滴灌主管道水能供多少米？支管道水能供多少米？

一般平原区主管道水能供800米，支管道能供100米。

5. 浅埋滴灌两条支管道间隔100~120米，滴灌带中间不剪断行吗？

不行。因为浅埋滴灌从每条支管道最远供水50~60米，如果太远滴灌带内水压不够，水滴不出来，所以应该从中间剪断打死结。起伏不平的地块需要距离更短一些才能保证滴水正常。

6. 不平的地块怎样铺设管道？

不平的地块上水阻力大，应适当缩短支管铺设距离，一般70~80米铺设一条支管道，并尽量将管带铺在坡顶，以保证正常滴水。

7. 主管道与支管道怎样连接？

主管道与支管道用四通、三通、弯头或直通进行连接，需要安装阀门处要安装四通，三通上必须用卡扣。

8. 支管道与滴灌带怎样连接？

支管道与滴灌带用小三通连接，用特制打眼器在支管道上打个小孔，然后把小三通安装进去，再把滴灌带从土里取出剪断，分别安到小三通上即可。

9. 播种及浇水时为什么随身携带直通（直接）？

如遇管带破损断裂等情况，以便随时连接滴灌带断头。

10. 滴灌带被地下害虫、鼠类或大型鸟类破坏怎么办？

如果是轻微损坏，可就地取材选择木棍儿或草棍儿缠绕塑料进行堵塞。如果损害严重可进行专用"直接"处理。也可在第一次滴水时加毒死蜱等杀虫剂进行预防。

11. 滴灌带可以播种后铺吗？

可以，对于种植面积较大的种植业合作社，为了抢墒播种，可以先播种，后铺滴灌带。但要求土壤质地好，机手操作水平高。可以在出苗前铺，也可以在出苗后铺。尽量选择播种铺带同时进行。

12. 是否可以在中耕时铺设滴灌管带？

不建议这种方式。一是在中耕时铺设滴灌带，大大降低了滴灌带的利用率；二是田间操作过程中也会损坏玉米苗；三是播种同时铺滴灌带不仅节省工时费，同时滴灌可以保证出全苗，利于苗齐、苗壮。

13. 一小块正方形地块怎样铺设管道？

一小块正方形地块中间顺垄铺设一条主管道，在地块中间处沿着与垄向垂直的方向铺设一条支管道，支管道与主管道间用四通连接，四通要求三面带扣，安装三个阀门，上下两条支管道用三通连接，三通不用带扣。如果面积大的地块，三通需要两面带扣。

14. 组装支管时如果遇到地埋管路不合理怎么办？

可以根据地形铺设相应距离的地上明管，但要做好防风和固定措施。

15. 滴灌带一般亩成本多少元？

一般每亩需要600米左右，亩成本70元左右。

16. 滴灌带可以回收吗？

可以，一般每亩回收价格10～12元。

17. 滴灌带使用期限几年？

一般使用一年。

18. 支管能用几年？

一般可以使用3年。

第三节 浅埋滴灌播种机选择
与改造的常见问题

1. 浅埋滴灌播种机应如何选择？

目前市场上已有浅埋滴灌专用播种机。农户也可自行组合改装，降低投入成本。

2. 浅埋滴灌播种机两行的用多大马力牵引，四行的用多大马力牵引？

两行的最少用28马力牵引，四行的用35马力以上牵引。

3. 浅埋滴灌播种机怎样改装？

首先把两个播种箱距离调整到35～40厘米，然后把滴灌带支架安装到播种机横梁上，铺设滴灌带的开沟铧子安装在2个排种器（播种盘）中间的前方。

4. 浅埋滴灌种植过程中，如何选择排种器？

建议选择踏板式或振动式排种器，特点是株距均匀，深浅一致，出苗整齐，保苗率高。

5. 播种时是先铺滴灌带还是先播种？

应先铺滴灌带后播种，改装时铺滴灌带的开沟器尽量在播种器前端。

第四节 其他生产中常见的问题

1. 为什么种植玉米浅埋滴灌必须采用大小垄种植方式？

必须采用宽窄行（也称作大小垄，下同）种植方式。一是窄行玉米根系离滴灌带更近，可缩短浇水时间，节约用水，提高水分利用率；二是宽窄行种植可增加密度、通风透光提高产量；三是减少滴灌带铺设成本，提高收入。

2. 采用宽窄行种植后可以机械收获吗？

可以，机械收获时注意应选择适合机型。如新疆牧神、7行割台的、普通收割机割台间距55厘米左右的也能收获。

3. 浅埋滴灌采用多大尺寸的宽窄行行距？

一般采用宽行80厘米，窄行40厘米，也可采用宽行85厘米，窄行35厘米。尽量避免40～60、40～70、50～70厘米等形式的大小垄，因为若大垄不够宽，则群体通风透光性较差，高密度种植易出现倒伏现象；而小垄不够窄，则玉米植株距离滴灌管较远，不利于滴灌。若规模化种植，还可以打破畦梗，从而提高土地利用率。

4. 在通辽地区一般选用什么类型滴灌带？

目前市场上有迷宫式和贴片式滴灌带，一般选用迷宫式滴灌带，成本低于贴片式。迷宫式滴灌带滴头间距30厘米左右为宜。贴片式滴灌带在停水时容易产生负压造成滴头堵塞，因此不建议使用贴片式滴灌带。

5. 玉米浅埋滴灌适合坨子地吗？

适合有井的坨子地。坨子地保水保肥能力差，浅埋滴灌实现了水肥一体化，可有效解决玉米各生育阶段水肥需求，达到增产增收。

6. 出沙子多的井适合浅埋滴灌吗？

不适合。如果井水里沙子太多，过滤器不能完全滤出，沙子进入滴灌带会把毛孔堵死。

7. 水井有反沙情况，如何进行控制？

可根据反沙情况选择适宜的过滤器，一般选择纱网式过滤器。

8. 浅埋滴灌对整地有什么要求？

与常规播种一样做好精细整地，做好深松、灭茬、旋耕，平整土地。

9. 秸秆太多或者土壤坷垃太大是否影响铺管？

会影响铺滴灌带和播种质量，导致出苗率下降，应先进行精细整地，提高播种质量，提高出苗率，达到苗齐、苗壮，是增加产量的前提和保障。

10. 田间卫生不好的地块，是否可以进行浅埋滴灌种植？

可以。选择圆盘式追肥器和排种器，能够有效解决杂物缠绕的难题。

11. 为什么浅埋滴灌要合理增加种植密度？

因为浅埋滴灌采用宽窄行种植方式，通风透光，加上水肥一体化技术，随时可以供水供肥，因此，应该合理增加密度，靠群体增产，达到增产增收的目的。

12. 采用浅埋滴灌种植技术，玉米品种应如何选择？

应选择高产耐密，抗倒伏能力强，生育期适宜当地气候条件的通过审定或备案的品种。

13. 运用浅埋滴灌种植技术，日播种面积是多少？

浅埋滴灌播种速度不宜过快，一般2行排种器每天能播种30亩左右，4行排种器的每天能播种60亩左右，6行排种器的每天能播种100亩左右。

14. 播种时为什么要随身携带直通？

随身携带直通，以便随时连接滴灌带断头。播种时地头滴灌带打死结，防止跑水。

15. 播种时是否可以使用除草剂？

如播种时土壤较干，会影响除草剂效果。建议在第一次滴水后喷施芽前除草剂，也可选择苗后除草。为提高苗前除草效果，第一次滴灌可延长灌溉时间，使田间土壤表面全部湿润。苗后除草应在玉米3叶至5叶期进行。药剂使用严格按照除草剂使用说明书进行，注意使用时间和亩用量。

16. 浅埋滴灌技术采用一次性施肥好吗？

不好，也不提倡。如采用一次性施肥达不到水肥一体化目的，浅埋滴灌水肥一体化的技术优势得不到有效的发挥。而浅埋滴灌技术底肥最好用45%含量以上的复合肥，并随水追肥3～5次，从而提高肥料利用率。

17. 采用浅埋滴灌技术，底肥施用量多少为宜？施用哪些肥料？

底肥一般施用10～15千克，选择磷酸二铵或同等养分含量的复合肥，即磷钾含量较高的复合肥，促进苗期根系发育。

18. 浅埋滴灌技术一般追肥几次？

浅埋滴灌技术最少追肥三次，可在大喇叭口前期、抽雄前期、灌浆期各追施一次。也可根据实际情况追肥4～5次。保水保肥差的地块可以增加追肥次数，随水带肥。

19. 浅埋滴灌施肥时应注意什么？

首先检查滴灌带有无漏水，如果是自己改装的施肥灌，出肥管上一定要安装过滤网和阀门，在进水管上安装阀门，让出水量和进水量始终保持一致。施肥后继续滴灌清水30分钟，冲洗管带，以免肥料结晶堵塞滴头。

20. 种植浅埋滴灌后为何后期有的地块出现脱肥现象？

由于浅埋滴灌种植大部分农户提高了播种密度，但未提高施肥量或者选择肥料不当使肥料使用不合理等因素造成有些地块后期出现了叶色发黄、籽粒不够饱满等脱肥现象。应该根据产量目标合理确定施肥量，选择适宜的肥料类型。

21. 浅埋滴灌的地块杂草多怎么办？

浅埋地块和其他种植方式一样，都要按时预防草害。可以选择苗前除草或者苗后除草，如果苗后除草一定注意苗龄，玉米2~4片叶时喷施除草剂是最佳时期。如果苗龄过小，伤苗；如果苗龄过大，除草效果不佳，造成田间杂草多。

22. 如果滴灌带埋土过深，或化肥颗粒阻塞怎么办？

如果埋土过深，采用人工将滴灌带从土壤往上提一下。如果化肥颗粒阻塞，用手把滴灌带拔出，上下拍打直到不阻塞为止。

23. 如果滴灌带因杂质过多导致管带堵塞，如何处理？

若滴灌带堵塞严重，可用等距离的地上明管代替连接。

24. 浅埋滴灌技术什么时候停止滴灌？

要根据种植玉米的用途和降雨情况确定停止滴水时间。一般籽粒玉米在9月中旬停止滴灌，青贮玉米在8月下旬停止滴灌。

25. 滴灌带什么时候回收？

主管和支管应在收获之前回收，可以重复利用3年左右。一般全株青贮玉米田间滴灌带回收应在收割后进行滴灌带回收，更加方便快捷。而籽粒玉米田间滴灌带应根据收获方式确定滴灌带回收时机，一般人工收获和秸秆还田的地块宜在最后一次滴水后进行滴灌带回收；而秸秆打包的地块可以在收获后进行滴灌带回收。

附　录

附录1 玉米无膜浅埋滴灌水肥一体化技术规范

1 范围

本标准规定了玉米无膜浅埋滴灌水肥一体化技术的整地、播种、铺管、水肥管理及收获等技术要求。本标准适用于内蒙古自治区玉米无膜浅埋滴灌水肥一体化技术生产。

2 规范性引用文件

下列文件对于本文件的应用是必不可少的。凡是注日期的引用文件，仅所注日期的版本适用于本文件。凡是不注日期的引用文件，其最新版本（包括所有的修改单）适用于本文件。

GB 3095 环境空气质量标准

GB 4404.1 粮食作物种子 第1部分：禾谷类

GB 5084 农田灌溉水质标准

GB/T 8321 农药合理使用准则

GB 15618 土壤环境质量标准

GB/T 19812.1 塑料节水灌溉器材 单翼迷宫式滴灌带

GB/T 20203 管道输水灌溉工程技术规范

GB/T 23391 玉米大小斑病和玉米螟防治技术规范

GB/T 50625 机井技术规范

NY/T 496 肥料合理使用准则通则

NY/T 1118 测土配方施肥技术规范

NY/T 1276 农药安全使用规范总则

SL 236 喷灌与微灌工程技术管理规程

3 术语和定义

下列术语和定义适用于本文件。

3.1　玉米无膜浅埋滴灌技术 shallow buried drip irrigation of maize

是在不覆地膜的前提下，采用宽窄行种植模式，将滴灌带埋设于窄行中间深度2~4厘米处，利用输水管道将具有一定压力的水经滴灌带以水滴的形式缓慢而均匀地滴入植物根部附近土壤的一种灌溉技术。

4　产地环境条件

土壤环境质量符合GB 15618规定，农田灌溉水质符合GB 5084规定，环境空气质量符合GB 3095规定。

5　滴灌管网工程建设要求

5.1　水源设施、滴灌管网工程建设

5.1.1　原有膜下滴灌设施利用

可以利用已有的膜下滴灌田间水利设施，进行无膜浅埋滴灌。

5.1.2　新建水肥一体化滴灌系统

5.1.2.1　系统配置

根据地下水水质分析报告、出水流量测试报告等进行设计。水肥一体化系统主要配置设备有：机电井、首部、管路、其他附件。

首部系统组成：水泵、压力罐等或其他动力源，离心网式过滤器或碟片过滤器，控制阀与测量仪表，施肥罐。

管路包括干管、支管、毛管以及必要的调节设备如压力表、闸阀、流量调节器、其他附件等设施进行组装。

5.1.2.2　配置要求

首部枢纽应将加压、过滤、施肥、安全保护和量测控设备等集中安装，化肥和农药注入口应安装在过滤器进水管上。枢纽房屋应满足机电设备、过滤器、施肥装置等安装和操作要求。新建滴灌水肥一体化系统工程应在播种之前完成。

5.2　管带铺设

5.2.1　管网布局

田间管带铺设应事先科学设计管网系统，形成田间布局图纸，为以后铺设管网、管理、灌溉施肥提供指导标准。

5.2.2 滴灌带选择

滴灌带选择应符合GB/T 19812.1要求。

5.2.3 管带铺设方法

5.2.3.1 毛管铺设

毛管铺设采用无膜浅埋滴灌精量播种铺带一体机与播种同步进行，符合GB/T 20203、GB/T 50625、SL 236要求。

5.2.3.2 田间主管道与支管铺设

播种结束后立即铺设地上给水主管道，在主管道上连接支管道，支管垂直于垄向铺设，间隔100m～120m垄长铺设一道支管。

5.2.3.3 滴灌管带安装

将所有滴灌带与支管道连接好，见附录A。

5.2.3.4 灌溉单元设置

主管道上每根支管道交接处前端设置控制阀，分单元浇灌。根据井控面积或首部控制面积及地块实际情况科学设置单次滴灌面积，一般以15亩～20亩左右为一个灌溉单元。

6 栽培技术要求

6.1 选地与整地

6.1.1 选地

选择具有灌溉条件的玉米种植区，并符合产地环境条件要求。

6.1.2 整地

每亩施入腐熟农家肥2 000～3 000千克。播种前春旋耕15厘米左右。要求耕垄直，百米直线度≤15厘米，耕幅一致。达到上虚下实、土碎无坷垃。

6.2 种子选择

6.2.1 品种选择原则

选择通过国家或内蒙古自治区审定或引种备案的，适宜内蒙古地区种植的高产、优质、多抗、耐密、适于机械化种植的品种。

6.2.2 种子质量

纯度达到96%、净度98%，发芽率达到93%以上。

6.2.3　种子包衣

如若种子无包衣则需要进行种子包衣处理，选用符合GB/T 8321的包衣剂。人员安全符合NY/T 1276。

6.3　播种

6.3.1　播期

4月下旬~5月上旬，当5~10厘米土层温度稳定8℃~10℃时，即可播种。

6.3.2　播种量

每亩用种量1.5~2.5千克，精量播种。

6.3.3　种植模式

采用宽窄行种植模式。一般窄行35~40厘米，宽行80~85厘米，株距根据密度确定。

6.3.4　种植密度

原则上根据品种特性、土壤肥力状况和积温条件确定种植密度。一般中上等肥力地块播种密度5 000株/亩~5 500株/亩；中低产田播种密度4 500株/亩~5 000株/亩。

6.3.5　播种机选择

选用无膜浅埋滴灌精量播种铺带一体机，也可利用改装的宽窄行播种机或者膜下滴灌播种机。

6.3.6　播种方法

播种的同时将滴灌带埋入窄行中间2~4厘米沟内，同时完成施种肥、播种、覆土、镇压等作业。质地黏重的土壤播深3~4厘米，沙质土5~6厘米，深浅一致，覆土均匀。

6.3.7　种肥

以800~1 000千克/亩为产量目标，施种肥量为纯N 3~5千克/亩、P_2O_5 6~8千克/亩、K_2O 2.5~4千克/亩。侧深施10~15厘米，严禁种、肥混合。

6.4　水肥管理

6.4.1　灌水

6.4.1.1　灌溉定额及灌溉次数

有效降水量在300mm以上的地区，保水保肥良好的地块，整个生育期一般滴灌6次～7次，灌溉定额为130m³/亩～160m³/亩；保水保肥差的地块，整个生育期滴灌8次左右，灌溉定额为160m³/亩～180m³/亩。有效降水量在200mm左右的地区，灌溉定额为200m³/亩左右。

6.4.1.2 适时灌水

播种结束后及时滴出苗水，保证种子发芽出苗，如遇极端低温，应躲过低温滴水。生育期内，灌水次数视降水量情况而定。一般6月中旬滴拔节水，水量25m³/亩～30m³/亩，以后田间持水量低于70%时及时灌水，每次滴灌20m³/亩左右，9月中旬停水。滴灌启动30min内检查滴灌系统一切正常后继续滴灌，毛管两侧30厘米土壤润湿即可。

6.4.2 随水追肥

6.4.2.1 追肥时间及数量

追肥以氮肥为主配施微肥，氮肥遵循前控、中促、后补的原则，整个生育期追肥3次，施入纯N 15千克/亩～18千克/亩。第一次拔节期施入纯N 9千克/亩～11千克/亩；第二次抽雄前施入纯N 3千克/亩～4千克/亩；第三次灌浆期施入剩余氮肥。每次追肥时可额外添加磷酸二氢钾1千克。

6.4.2.2 追肥方法

追肥结合滴水进行，施肥前先滴清水30min以上，待滴灌带得到充分清洗，检查田间给水一切正常后开始施肥。施肥结束后，再连续滴灌30min以上，将管道中残留的肥液冲净，防止化肥残留结晶阻塞滴灌毛孔。

7 化学除草

播后苗前选择符合GB/T 8321要求的除草剂防除杂草。除草剂使用人员安全符合NY/T 1276要求。

8 宽行中耕

苗期第一次中耕，深度10厘米；拔节期第二次中耕，深度15～20厘米。

9 病虫害综合防治

生育期间及时防治玉米螟、粘虫、红蜘蛛、蚜虫、大小斑病、丝黑穗等病虫害。农药使用应符合GB/T 8321；农药使用人员安全符合NY/T 1276。

10 收获

10.1 回收滴灌带

收获前回收滴灌带。

10.2 收获时间

9月末～10月初玉米生理成熟一周后即可收获。

10.3 收获方法

选用适宜的玉米收获机械，作业包括摘穗、剥皮、集箱以及茎秆粉碎还田作业。一般果穗损失率≤3%，籽粒破碎率≤1%，苞叶剥净率≥85%。

11 秋整地

11.1 秸秆粉碎

收获后结合秋整地进行秸秆还田，如果秸秆过长，还田前需要二次粉碎、茎秆粉碎长度3～5厘米、抛洒均匀。

11.2 撒施秸秆腐熟剂

每亩按照2.5千克秸秆腐熟剂加5千克尿素喷撒在作物秸秆上。

11.3 深耕还田

采用深翻机进行深翻作业，深度25厘米以上，将粉碎的玉米秸秆全部翻入土壤下层。土壤黏重地块深松30厘米以上。

11.4 冬灌

有条件地区，秸秆翻入土壤后，可以进行冬灌。

附录A 玉米无膜浅埋滴灌水肥一体化技术示意图

（资料性附录）

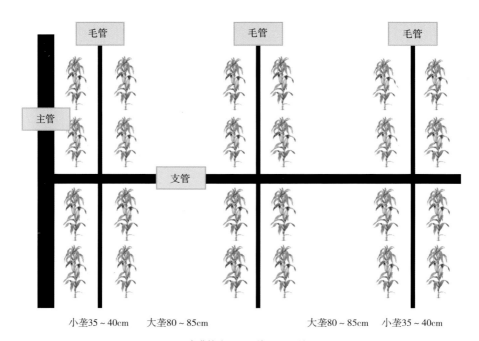

小垄35～40cm　　大垄80～85cm　　　大垄80～85cm　　小垄35～40cm

滴灌管浅埋于土壤2～4cm处

注：毛管浅埋于土壤2～4厘米处

图A 玉米无膜浅埋滴灌水肥一体化技术示意图

附录2　通辽黄玉米

12　范围

本标准规定了通辽黄玉米的术语和定义、质量指标和卫生要求、检验方法、检验规则、标识、包装、运输、贮存的要求。

本标准适用于收购、储存、运输、加工和销售的通辽地区种植生产的黄玉米。

13　规范性引用文件

下列文件对于本文件的应用是必不可少的。凡是注日期的引用文件，仅所注日期的版本适用于本文件。凡是不注日期的引用文件，其最新版本（包括所有的修改单）适用于本文件。

GB 1353　玉米

GB 2715　粮食卫生标准

GB/T 5490　粮食、油料及植物油脂检验 一般规则

GB 5491　粮食、油料检验 扦样、分样法

GB/T 5492　粮油检验 粮食、油料的色泽、气味、口味鉴定

GB/T 5493　粮油检验 类型及互混检验

GB/T 5494　粮油检验 粮食、油料的杂质、不完善粒检验

GB/T 5497　粮食、油料检验 水分测定法

GB/T 5498　粮食、油料检验 容重测定法

GB/T 5511　谷物和豆类 氮含量测定和粗蛋白质含量计算 凯氏法

GB/T 5512　粮油检验粮食中粗脂肪含量测定

GB/T 5514　粮油检验粮食、油料中淀粉含量测定

GB 13078　饲料卫生标准

14　术语和定义

下列术语和定义适用于本标准。

14.1 容重

玉米籽粒在单位容器内的质量，以克/升（g/L）表示。

14.2 不完善粒

受到损伤但尚有使用价值的玉米颗粒。包括虫蚀粒、病斑粒、破碎粒、生芽粒、生霉粒和热损伤粒。

14.2.1 虫蚀粒

被虫蛀蚀，并形成蛀孔或隧道的颗粒。

14.2.2 病斑粒

粒面带有病斑，伤及胚或胚乳的颗粒。

14.2.3 破碎粒

籽粒破碎达本颗粒体积五分之一（含）以上的颗粒。

14.2.4 生芽粒

芽或幼根突破表皮，或芽或幼根虽未突破表皮但胚部表皮已破裂或明显隆起，有生芽痕迹的颗粒。

14.2.5 生霉粒

表面生霉的颗粒。

14.2.6 热损伤粒

受热后籽粒显著变色或受到损伤的颗粒，包括自然热损伤粒和烘干热损伤粒。

14.2.6.1 3.2.6.1 自然热损伤粒

储存期间因过度呼吸，胚部或胚乳显著变色的颗粒。

14.2.6.2 3.2.6.2 烘干热损伤粒

加热烘干时引起的表皮或胚或胚乳显著变色，籽粒变形或膨胀隆起的颗粒。

14.3 杂质

除玉米粒以外的其他物质，包括筛下物、无机杂质和有机杂质。

14.3.1 筛下物

通过直径3.0mm圆孔筛的物质。

14.3.2 无机杂质

泥土、砂石、砖瓦块及其他无机物质。

14.3.3 有机杂质

无使用价值的玉米粒、异种类粮粒及其他有机物质。

14.4　色泽、气味

一批玉米固有的综合颜色、光泽和气味。

14.5　黄玉米

产自通辽地区的种皮为黄色，或略带红色的籽粒不低于95%的玉米。

15　质量要求和卫生要求

15.1　质量要求

质量要求应符合表1的规定。

表1　质量要求

等级	容重（g/L）	淀粉含量（%）	粗蛋白（%）	不完善粒含量%		杂质含量（%）	水分含量（%）	色泽气味
				总量	其中，生霉粒			
1	≥720	≥75.0		≤4.0				黄玉米固有的色泽气味
2	≥700	≥74.0	≥8.0	≤6.0	≤2.0	≤1.0	≤14.0	
3	≥685	≥72.0		≤8.0				

15.2　卫生要求

15.2.1　食用玉米按GB 2715及国家有关规定执行。

15.2.2　饲料用玉米按GB/T 13078和国家有关规定执行。

15.2.3　植物检疫按国家有关标准和规定执行。

16　检验方法

16.1　质量要求检验

16.1.1　扦样、分样：按GB 5491执行。

16.1.2　色泽、气味检验：按GB/T 5492执行。

16.1.3　杂质、不完善粒检验：按GB/T 5494执行。

16.1.4　水分检验：按GB/T 5497执行。

16.1.5　容重测定：按GB/T 5498执行。

16.1.6　粗蛋白质测定：按GB/T 5511执行。

16.1.7 粗脂肪测定：按GB/T 5512执行。

16.1.8 淀粉测定：按GB/T 5514执行。

16.2 卫生要求检验按有关规定方法执行。

17 检验规则

17.1 检验的一般规则按GB/T 5490执行。

17.2 检验批次为同种类、同产地、同收获年份、同运输单元、同储存单元的玉米。

17.3 判定规则：质量要求和卫生要求中的全部检验项目符合本标准相关要求时，判定该批产品为合格品。若容重、不完善粒总量不符合相应等级要求时，应降至相应的等级。

18 标识、包装、运输、储存

18.1 标识

玉米包装标识应符合国家食品包装与标识的有关标准和规定。

18.2 包装

玉米包装应清洁、牢固、无破损，缝口严密、结实，不得造成产品撒漏。不得给产品带来污染和异常气味。

18.3 运输

使用符合卫生标准的运输工具和容器运送，运输过程中应注意防止雨淋和被污染。

18.4 储存

储存在清洁、干燥、防雨、防潮、防虫、防鼠、无异味的仓库内，不得与有毒有害物质或水分较高的物质混存。

附录3 玉米生产用种选择准则

19 范围

本准则规定了通辽地区玉米生产品种选择原则和种子质量要求。

本准则适用于通辽地区玉米种植区。

20 规范性引用文件

下列文件对于本文件的应用是必不可少的。凡是注日期的引用文件，仅所注日期的版本适用于本文件。凡是不注日期的引用文件，其最新版本（包括所有的修改单）适用于本文件。

GB 4404.1 粮食作物种子 禾谷类

21 术语和定义

品种：是指经过人工选育或者发现并经过改良，形态特征和生物学特性一致，遗传性状相对稳定的植物群体。

22 品种选择

22.1 选种原则

选择通过国家审定、内蒙古自治区审（认）定，适宜通辽地区推广种植的高产、优质、多抗、耐密、适于机械化种植的品种（禁止使用转基因品种）。

22.2 熟期

在相应种植区内安全成熟。

22.3 丰产性、稳产性

22.3.1 丰产性

产量水平不低于当地主推同类品种。

22.3.2 稳产性

在种植区内产量性状表现稳定。

22.4 品质

22.4.1 普通玉米

粒用型品种籽粒容重≥685g/L、籽粒粗蛋白含量（干基）≥8.0%、粗脂肪含量（干基）≥3.0%、淀粉（干基）含量≥69%。

22.4.2 优质玉米

籽粒容重≥685g/L。同时符合下列条件之一者：

高油玉米 粗脂肪（干基）含量≥7.5%；

高蛋白玉米 籽粒粗蛋白含量≥12%；

高赖氨酸玉米 赖氨酸（干基）含量≥0.4%；

高淀粉品种 粗淀粉（干基）含量≥75%。

22.4.3 鲜食甜玉米

分为普通甜玉米、超甜玉米、加强甜玉米品种类型。外观品质和蒸煮品质评分之和≥85分。

22.4.3.1 普通甜玉米品种适宜采收期籽粒含糖量≥10%；

22.4.3.2 超甜玉米品种适宜采收期籽粒含糖量≥15%；

22.4.3.3 加强甜玉米品种适宜采收期籽粒含糖量≥25%。

22.4.4 糯玉米

鲜食糯玉米直链淀粉（干基）占粗淀粉总量比率≤3%，外观品质和蒸煮品质评分之和≥85分。加工直链淀粉（干基）占粗淀粉总量比率≤5%。

22.4.5 青贮玉米

整株粗蛋白含量≥7.0%，中性洗涤纤维含量≤50%，酸性洗涤纤维含量≤30%。

22.4.6 粮饲兼用玉米

活秆成熟，成熟时叶片保绿能力强，籽粒蛋白含量≥9%，中性纤维≤55%、酸性纤维≤30%。

22.4.7 爆裂玉米

膨化倍数≥25、爆花率≥95%、遗传裂粒率<2。

22.5 综合抗性

22.5.1 抗病性

丝黑穗病、茎腐病、大斑病等主要病害达到抗以上。

22.5.2　抗虫性

玉米螟等主要虫害达到抗以上。

22.5.3　抗倒性

倒伏与倒折率之和≤10%。

23　种子质量

纯度、净度执行GB 4404.1。其中发芽率执行单粒播标准，芽率92%以上。

附录4　农作物标准化生产基地农户
生产记录规范

24　范围

本规范规定了农作物标准化生产基地农户在作物栽培管理、收获等生产记录过程中的记录内容和填写说明。

本规范适用于通辽地区农作物标准化生产基地的管理。

25　记录内容

25.1　内容

内容应包括地块编号、种植者、作物名称、品种及来源、种植面积、播种或移栽时间、整地、中耕、土壤耕作、施肥情况、病虫草害防治情况、灌水记录、收获记录、仓储记录、交售记录等（记录内容详见附录A）。

25.2　要求

农户田间生产记录填写规范、真实，不得伪造，记录应保存两年。

26　填写说明

26.1　基本信息

26.1.1　农户姓名、执行人、记录人

填写身份证上的姓名，不能用别名、小名、简称等。

26.1.2　基地名称

填写企业基地的具体名称，包括所在地的县区（旗）、乡镇（苏木）、村（嘎查）名称。

26.1.3　地块编号

填写基地固定的和连续使用的地块编号。

26.1.4　作物种类

填写种植的作物种类名称。如：玉米、水稻、荞麦等。

26.1.5　种植面积

种植面积是指该品种种植的面积，单位：亩（667平方米）。

26.1.6　耕作方式

指种地的方式，如：等行距种植、大小垄种植、等行距覆膜种植、大小垄膜下滴灌、全膜双垄沟播等不同耕作方式，人工管理或全程机械化管理。

26.1.7　播种时间

直播作物填写播种日期，需要育苗移栽的作物填写催芽时间和移栽时间，记为：＿＿年＿＿月＿＿日。

26.2　用种情况

26.2.1　作物品种

作物品种填写审（认）定名称和审（认）定号。

26.2.2　种子处理

填写种子处理方法和所用药品名称

26.2.3　种植密度

填写种植密度，记为：株/亩；填写每667平方米用种量，单位：千克/667平方米。

26.3　整地、中耕情况

记录整地、中耕方式和时间，记为：＿＿年＿＿月＿＿日。

26.4　肥料使用情况

26.4.1　肥料名称

填写肥料的商品名称、有效养分含量、生产厂家等重要信息。

26.4.2　用量

每种肥料使用数量，单位：千克/667平方米。填写表格时小数点后保留一位有效数字。

26.4.3　施肥方法

主要指用于底肥、种肥、追肥或根外追肥等施肥方法。

26.4.4　施肥时间

记录每种肥料施入的时间，记为：＿＿年＿＿月＿＿日。

26.5 灌水记录

填写灌水量，单位：m³/667平方米；填写灌水时间，记为：__年__月__日。

26.6 除草记录

26.6.1 除草剂名称

填写除草剂商品名称，生产厂家。

26.6.2 除草剂用量

填写每667平方米用量，单位：g/667平方米。填写表格时小数点后保留一位有效数字。

26.6.3 除草方法

指苗前除草或苗后除草。

26.6.4 除草时间

除草剂喷洒时间：__年__月__日。

26.7 病虫害防治

26.7.1 农药名称

填写农药商品名称，有效成分含量、生产厂家等。

26.7.2 用量

填写每667平方米用量，单位：g/667平方米。填写表格时小数点后保留一位有效数字。

26.7.3 施药方法

指土壤处理或拌种或种子包衣或田间喷施等不同用药方法。

26.7.4 用药时间

填写使用农药的具体时间：__年__月__日。

26.7.5 防治对象

填写用药主要防治对象。

26.7.6 间隔期及登记号

间隔期及登记证号是指所用农药的安全间隔期及登记证号或批准文号。

26.7.6.1 3.7.6.1 安全间隔期

指作物最后一次施药距收获时所需间隔时间，是自作物最后一次喷药后到残留量降到最大残留限量（MRL）以内所需的最短间隔时间。

26.7.6.2　3.7.6.2　登记证号

对田间使用的农药，其临时登记证号以"LS"标识，如LS20071573；正式登记证号以"PD"标识，如PD20080005。

26.8　收获记录

26.8.1　收获时间

填写收获时间。记为：＿年＿月＿日。

26.8.2　收获方式

填写人工收获或是机械收穗或是机收粒。

26.8.3　收获量

指该农户收获的总重量，单位：千克。填写表格时小数点后保留一位有效数字。

26.9　储运记录

26.9.1　储运方法

填写农户单独储运或是企业收回统一储运。

26.9.2　储存时间

指收获后到售出的这一段时间。单位：天。

26.9.3　储存数量

指储存的总重量，单位：千克。填写表格时小数点后保留一位有效数字。

26.10　交售记录

26.10.1　交售方式

填写企业直接收回或是基地代收或是农村合作组织代收。

26.10.2　售出时间

填写售出的时间，记录为：＿年＿月＿日。

26.10.3　交售数量

指售出的总重量，单位：千克。填写表格时小数点后保留一位有效数字。

附录A 农作物标准化生产基地农户生产记录表

（资料性附录）

表A.1 农作物标准化生产基地农户生产记录表

农户姓名			地块名称			地块编号	
种植面积 （亩）			作物种类			播种时间 （年/月/日）	
耕作方式			催芽时间 （年/月/日）			移栽时间 （年/月/日）	
用种情况							
品种名称	审（认） 定号	处理方法		药品名称	用种量 （千克/ 亩）	播种密度 （株/亩）	执行人
整地情况							
整地方式		整地时间 （年/月/日）		执行人		备注	
中耕情况							
中耕方式		中耕时间 （年/月/日）		执行人		备注	

（续表）

肥料使用情况					
肥料名称	用量 （千克/亩）	施肥方法	施肥时间 （年/月/日）	执行人	备注

灌水记录			
灌水量 （立方米/亩）	灌水时间 （年/月/日）	执行人	备注

除草记录					
除草剂名称	用量 （千克/亩）	除草方法	除草时间 （年/月/日）	执行人	备注

病虫害防治						
农药名称	用量 （克/亩）	施药方法	用药时间 （年/月/日）	防治对象	执行人	间隔期及 登记证号

收获记录				
收获时间 （天）	收获方式	收获量 （千克）	执行人	备注

（续表）

储运记录				
储运方法	储存时间 （天）	储存数量 （千克）	执行人	备注
交售记录				
交售方式	售出时间 （年/月/日）	售出数量 （千克）	买方执行人	卖方执行人	备注

附录5　如何鉴别真假化肥

随着现在市面上肥料的种类不断增多，也存在一些不法商贩在贩卖假的肥料，假肥料不但影响庄稼的生长，而且还可能会给农作物造成伤害，下面就为大家介绍一下辨别化肥真假的方法。

一、包装鉴别法

一要看包装标识。很多产品，不用打开包装，单从标识上就能看出是否是正规产品。例如大量元素水溶性肥料，一是要看包装袋上大量元素与微量元素养分的含量。依据大量元素水溶肥料标准，氮、磷、钾三元素单一养分含量不能低于6%，三者之和不能低于50%，若在包装袋上看到大量元素中某一元素标注不足6%的，或三元素总和不足50%的，说明此类产品是不合格的。微量元素含量指铜、铁、锰、锌、硼、钼元素含量之和，产品应至少包含两种微量元素，含量0.5%～3.0%。

二要看产品配方和登记作物。水溶肥料登记时是按照试验作物进行的，可以是某一种或几种作物，对于没有登记的作物谨慎购买使用，或者借鉴以前的使用经验选购。

三要看有无产品执行标准、产品通用名称和肥料登记证号。水溶性肥料大部分执行农业部行业标准，即NY开头；通用名就是上边的几种；肥料登记证号，水溶肥料都在农业部登记，登记证号为：农肥（＊＊＊＊）临（准）字＊＊＊＊号。如果农户对产品有怀疑，可以在网上查询其肥料登记证号。

四要看包装袋上是否标注重金属含量。正规厂家生产的水溶肥料重金属含量都应符合国家标准，并且有明显的标注。若肥料包装袋上没有标注重金属含量的，请慎用。

五要检查包装袋封口：对包装封口有明显拆封痕迹的化肥要特别注意，这种现象有可能掺假。

二、形状、颜色鉴别法

尿素为白色或淡黄色，呈颗粒状、针状或棱柱状结晶体，无粉末或少有粉末；硫酸铵为白色晶体；氯化铵为白色或淡黄色结晶；碳酸氢铵呈白色或其他染色粉末状或颗粒状结晶。

也有个别厂家生产大颗粒扁球状碳酸氢铵。过磷酸钙为灰白色或浅灰色粉末；重过磷酸钙为深灰色、灰白色颗粒或粉末；硫酸钾为白色晶体或粉末；氯化钾为白色或淡红色颗粒。

三、气味鉴别法

如果有强烈刺鼻氨味的液体是氨水；有明显刺鼻氨味的颗粒是碳酸氢铵；有酸味的细粉是重过磷酸钙。如果过磷酸钙有很刺鼻的酸味，则说明生产过程中很可能使用了废硫酸。这种化肥有很大的毒性，极易损伤或烧死作物，尤其是水稻秧池不能用。

需要提醒的是，有些化肥虽是真的，但含量很低，如劣质过磷酸钙，有效磷含量低于8%（最低标准应达12%）。这些化肥属劣质化肥，肥效不大，购买时应请专业人员鉴定。

参考文献

李金琴，王宇飞，侯旭光，等. 2015. 通辽地区玉米不同覆膜方式技术效果分析[J]. 内蒙古农业科技，43（4）：70-72.

李金琴，王宇飞，侯旭光，等. 2017. 不同节水种植模式对玉米产量的影响[J]. 北方农业学报，45（4）：30-34.

李少昆，赖军臣，明博. 2009. 玉米病虫草害诊断专家系统[M]. 北京：中国农业科学技术出版社.

李少昆，王振华，高增贵，等. 2013. 北方春玉米田间种植手册（第二版）[M]. 北京：中国农业出版社.

李媛媛，杨恒山，张瑞富，等. 2017. 浅埋滴灌条件下不同灌水量对春玉米干物质积累与转运的影响[J]. 浙江农业学报，29（8）：1234-1242.

马日亮，王海燕，徐利明，等. 2014. 玉米高产高效种植技术[M]. 呼和浩特：内蒙古人民出版社.

全国农业技术推广服务中心. 2011. 春玉米测土配方施肥技术[M]. 北京：中国农业出版社.

石洁，王振营. 2011. 玉米病虫害防治彩色图谱[M]. 北京：中国农业出版社.

武月梅，赵俊兰. 2015. 青贮玉米栽培[M]. 北京：中国农业科学技术出版社.

肖华，陈皆辉，金亚男，等. 2014. 西辽河平原灌区玉米大小垄种植与合理增密产量效益分析[J]. 内蒙古民族大学学报（自然科学版），29（5）：555-558.

肖华，金亚男，张福胜，等. 2014. 西辽河平原灌区农田土壤深翻深松效果分析[J]. 内蒙古民族大学学报（自然汉文版），29（2）：183-185.

薛永杰，姚影，赵文生，等. 2017. 通辽地区玉米机械化深松改土效果分析[J]. 北方农业学报，45（4）：6-10.

中华人民共和国建设部，中华人民共和国国家质量监督检查检疫总局. GB/T 50363—2006. 节水灌溉工程技术规范[S].

中华人民共和国住房和城乡建设部，中华人民共和国国家质量监督检查检疫总局. GB/T 50485—2009. 微灌工程技术规范[S].